不舍得

时更不得

高轶飞◎编著

中国华侨出版社

图书在版编目（CIP）数据

不舍得时更不得 / 高轶飞编著. —北京：中国华侨出版社，
2014.6

ISBN 978 - 7 - 5113 - 4632 - 2

Ⅰ.①不…　Ⅱ.①高…　Ⅲ.①人生哲学 – 通俗读物
Ⅳ.①B821 – 49

中国版本图书馆 CIP 数据核字（2014）第 109306 号

● **不舍得时更不得**

编　　著/高轶飞
责任编辑/文　蕾
封面设计/智杰轩图书
经　　销/新华书店
开　　本/710 毫米 × 1000 毫米　1/16　印张 17　字数 220 千字
印　　刷/北京溢漾印刷有限公司
版　　次/2014 年 11 月第 1 版　2014 年 11 月第 1 次印刷
书　　号/ISBN 978 - 7 - 5113 - 4632 - 2
定　　价/32.00 元

中国华侨出版社　　北京朝阳区静安里 26 号通成达大厦 3 层　　邮编 100028
法律顾问：陈鹰律师事务所
编辑部：(010) 64443056　　64443979
发行部：(010) 64443051　　传真：64439708
网　址：www.oveaschin.com
e- mail：oveaschin@ sina.com

前言

　　在巴勒斯坦有两个湖，这两个湖给人的感觉是完全不一样的。其中一个名叫加里勒亚湖，水质清澈洁净，可供人们饮用，湖里面各种生物和平相处，鱼儿游来游去，清晰可见，四周是绿色的田野与园圃，人们都喜欢在湖边筑屋而居。

　　另一个湖叫死海，水质的碱度位于世界之冠，湖里没有鱼儿的游动，湖边也是寸草不生，了无生气，景象一片荒凉，没有人愿意住在附近，因为它周围的空气都让人感到窒息。

　　有趣的是，这两个湖的水源，都来自同一条河的河水。所不同的是：一个湖既接受也付出，而另一个湖在接受之后，只保留，不懂得舍却原来的水。

　　让河流动，方得一池清水，这是流水不腐的道理。舍而后得，这是人生的道理。

　　遗憾的是，这世间有很多人往往不能参透个中因果，他们过分执着于心中那个小小的"我"，因而患得患失，难以冲破自我设置的桎梏，于是，他们的人生一直为俗务所羁绊，始终没有什么实质性的突破。

其实，人生本该很写意，只要你肯舍！

把那些不必要的、羁绊我们的东西统统舍去——丢掉内心中那些无谓的虚荣与浮躁，还原真我本色，平静中你自会对人生有一番新的谛视；驱散令人迷失的浮华气息，平凡中你自会领悟到生活的真谛；让张扬、疏懒、盲从、怯懦、钩斗、偏执、狭隘统统离开我们，清心寡欲，享受坦然，追逐自然，学会释然，舍该舍则我们必能得该得。

事实上，幸福就是这么简单……

这悠悠数十年，生命恰如一次旅行，我们背负的东西越少，就越能发挥自己的潜能。你可以列出清单，决定背包里该装些什么，该放弃什么，衡量一下怎样做才能简而易行地到达你的目的地。但是，请记住，在每一次停泊时，都要清理自己的口袋，什么该丢，什么该留，把更多的位置空出来，让自己变得更加优秀，让自己真正轻松起来。

目录

第二篇　宁静而致远，舍弃内心的浮躁

第三篇　有欲则无刚，舍弃过分的欲望

第四篇　忧虑是沼泽，舍弃消极的心理

第五篇　依赖是种病，舍弃多余的拐杖

第六篇　过刚则易折，舍弃一身的傲气

第七篇　曲径可通幽，舍弃无所谓的固执

第八篇　舍该舍之物，不舍得时更不得

人生静如禅，舍弃虚无的浮华

你的最可靠的指针，是接受自己的意见

美国成功学大师马尔登讲过这样一个故事：

在富兰克林·罗斯福当政期间，我为他太太的一位朋友动过一次手术。罗斯福夫人邀请我到华盛顿的白宫去。我在那里过了一夜，据说隔壁就是林肯总统曾经睡过的地方。我感到非常荣幸。岂止荣幸？简直受宠若惊。那天夜里我一直没睡。我用白宫的文具纸张写信给我的母亲、给我的朋友，甚至写给我的一些冤家。

"麦克斯，"我在心里对自己说，"你来到这里了。"

早晨，我下楼用早餐，女主人罗斯福总统夫人是一位可爱的美人，她的眼中总露着特别迷人的神色。我吃着盘中的炒蛋，接着又来了满满一托盘的鲑鱼。我几乎什么都吃，但对鲑鱼一向讨厌。我畏惧地对着那些鲑鱼发呆。

罗斯福夫人向我微微笑了一下。"富兰克林喜欢吃鲑鱼。"她说，指的是总统先生。

我考虑了一下。"我何人耶？"我心里想，"竟敢拒吃鲑鱼？总统既然觉得很好吃，我就不能觉得很好吃吗？"

于是，我切了鲑鱼，将它们与炒蛋一道吃了下去。结果，那天午后我一直感到不舒服，直到晚上，仍然感到要呕吐。

我说这个故事有什么意义？

很简单。

我没有接受自己的意见。

我并不想吃鲑鱼，也不必去吃。为了表示敬意，我勉强效颦了总统。我背叛了自己，站在了不属于自己的位置上。那是一次小小的背叛，它的恶果很小，没有多久就消失了。

这件事指出走向成功之道最常碰到的陷阱之一。记着这句话：你的最可靠的指针，是接受你自己的意见。

尽力唱出自己的声音

电影明星佛莱德·艾斯泰尔在成名之前是舞蹈演员，他1933年到米高梅电影公司首次试镜后，在场导演给他的纸上评语是"毫无演技，前额微秃，略懂跳舞"。后来艾斯泰尔将这张纸裱起来，挂在比弗利山庄的豪宅中。

美国职业足球教练文斯·伦巴迪当年曾被批评"对足球只懂皮毛，缺乏斗志"。

哲学家苏格拉底曾被人贬为"让青年堕落的腐败者"。

彼得·丹尼尔小学四年级时常遭到老师菲利浦太太的责骂："彼得，你功课好差；脑袋不行，将来别想有什么出息！"彼得在26岁前仍是大字不识几个，有次一位朋友念了一篇《思考才能致富》的文章给他听，给了他相当大的启示。现在他买下了当初他常打架闹事的街道，并且出版了一本书《菲利浦太太，你错了!》。

贝多芬学拉小提琴时，技术并不高明，他宁可拉他自己作的曲子，也不肯做技巧上的改善，他的老师说他绝不是个当作曲家的料。

歌剧演员卡罗素美妙的歌声享誉全球。但当初他的父母希望他能当工程师，而他的老师则说他那副嗓子是不能唱歌的。

发表《进化论》的达尔文当年决定放弃行医时，遭到父亲的斥责："你放着正经事不干，整天只管打猎、捉狗、捉耗子的。"另外，达尔文在自传上透露："小时候，所有的老师和长辈都认为我资质平庸，我与聪明是沾不上边的。"

沃特·迪士尼当年被报社主编以缺乏创意的理由开除，建立迪士尼乐园前也曾破产好几次。

爱因斯坦4岁才会说话，7岁才会认字。老师给他的评语是："反应迟钝，不合群，满脑袋不切实际的幻想。"他曾遭到退学的命运。

法国化学家巴斯德在读大学时表现并不突出，他的化学成绩在22人中排第15名。

牛顿在小学的成绩一团糟，曾被老师和同学称为"呆子"。

罗丹的父亲曾怨叹自己有个白痴儿子，在众人眼中，他曾是个毫无前途的学生，艺术学院考了三次还考不进去。他的叔叔曾绝望地说："孺子不可教也。"

《战争与和平》的作者托尔斯泰，读大学时因成绩太差而被劝退学。老师认为他："既没读书的头脑，又缺乏学习的兴趣。"

如果这些人不是尽力唱出自己的声音，而是被别人的评论所左右，怎么能取得举世瞩目的成绩？

人生的成功自然包含有功成名就的意思，但是，这并不意味着你只有做出了举世无双的事业，才算得上成功。俄国作家契诃夫说得好："有大狗，也有小狗。小狗不该因为大狗的存在而心慌意乱。所有的狗都应当叫，就让它们各自用自己的声音叫好了。"

不为别人活，只为自己活

著名畅销书作家泰德曾经写过一本书《为自己活着》，一经出版后立刻造成轰动，迄今创下销售70余版的纪录。

泰德在书中阐释一种自由主义的思想，鼓励每个人不需跟从世俗标准随波逐流，而是应该依自己的方式去选择有价值的人生，使自己活得快乐，活得自由。你活得快乐吗？自由吗？

读这本书的人都觉得"心有戚戚焉",因为他们的心事被看穿,他们发现自己这辈子为了父母而活、为了配偶而活、为了子女而活、为了房屋贷款而活、为了取悦老板而活、为了身份地位而活……总之,有各种"为别人活"的理由,却始终没有为"自己"好好活过。

为了别人而活,经常使人陷入进退两难的境地,他们过着不快乐的生活,做着不合志趣的事,即使是他们当中不乏外表看起来功成名就的人,但他们心中仍有一种想"冲破现状"的欲望。

你是不是会有这样的感受?虽然职位愈爬愈高,薪水也日益上涨,但这并不是你想过的生活,纵使人人羡慕你,但其实这些表象只不过是生活无趣的"安慰品"罢了,你心里想的很可能只是散散步、种种花、饲养动物、看几本好书、和好友把酒言欢这些再简单不过的事情而已。

歇尔女士是美国有名的心理专家,同时也是《热情过活》的作者。歇尔经常受邀为企业做生意咨询,她观察到,尽管很多人生意发展得很快,却愈来愈失落,因为这些人未找到正确的生活轨道,所以常常会感到焦躁不安。歇尔比喻:"这就好像是在高速公路上往错误的方向加速前进,但又不见回转道。"

歇尔同时发现,很多人都犯了相同的错误:误以为"能力"等于"快乐"。但是,一人"能"做的事,并不一定就是他"想"做的事。例如,一个"能"赚 200 万元年薪的人,他"想"做的也许只是陪心爱的小女儿游戏。

美国人曾经做过一个调查,得出的结果出乎意料,竟然有高达98%的人工作不快乐，而他们之所以继续待在原来的位置，并非完全是受制于经济因素，而是不知道自己还"想"做些什么。即使他们"想"为自己活，却找不到"着力点"。

要找出自己真正想过的生活，其实并非难事，最直接的方法就是从你的兴趣寻找线索。你可以问自己几个问题：在过去的经验里，有哪些令你振奋的嗜好？比如说，维持基本的物质需求无虞，你会把剩余的时间、精力用在哪里？

你是不是花了太多的力气去追逐身外之物，或者为了满足别人，而把自己内心的真爱丢弃不顾？人要活给自己看，就要去做自己喜欢的事。穷毕生之力做自己不喜欢的事，谈何"为自己活"？不为自己而活，人生又有什么意义可言？

人们要活出真正的自我，正如有一位诗人曾说："要爱自己，只有时时刻刻凝视着真实的自己。"然而，当代人在看自己时却模糊不清，原因是离真实的自我越来越远。如果你能每天花几秒钟仔细看看自己的眼睛，你将发现真实的自己。

何必学别人呢

从前，有这样一对老夫妇，每天老头上山去砍柴，老婆婆在河边洗衣服，他们生活得很快活。可是，美中不足的是，老

头的左脸颊上长了一个大瘤子，这使他那张脸变得十分丑陋。

一天，老头在山上砍了一大堆柴，刚想背着下山时，一场大雨自天而降，而且愈下愈大。眼看回不了家了，老头只好钻进一棵大杉树洞里避雨。不一会儿便昏昏入睡了。

"叮咚、叮咚……"伴着敲击大鼓的声音传来悦耳的笛声和载歌载舞的喧闹声。他陡然惊醒，循声望去，林中空地上有8个天狗在跳舞。胆怯的人会害怕得逃走，可老头是个快乐而又勇敢的人，他忘记了恐惧，"天狗，天狗，八天狗，"他唱着歌手舞足蹈地蹚出了树洞，"算上俺就是9个天狗。"老头唱着唱着，加入了天狗的圈子里，乐陶陶地尽情表演。

天狗们被老人那有趣而又优美的舞蹈动作、动听而又悦耳的歌声所征服，都开心大笑起来。快乐的时光转瞬即逝，远处传来雄鸡报晓的啼鸣。

"天快亮了，那么明天再见吧！"为首的天狗说道，"老爷爷，明天晚上可还要来呀！你的歌唱和舞蹈都棒极了，请务必再来这里！"

"好吧，好吧，我一定来。"老头答应着。

"万一不来可不行，把什么留下才好。那就把这个瘤子留下作个抵押吧！"那只天狗说完，在老头左边的脸上轻轻一捏，那个大瘤子就被摘了下来，脸上丝毫没留下痕迹。

天亮了，老头背着柴捆下山后，对村民们讲述了这段奇异的经历。隔壁老头右脸颊上也长着一个大瘤子，听了后，决定今夜也上山去找那8个天狗。他照方抓药，也经历了同样的事情。但是，右边长瘤子的老头对歌舞一窍不通。这使天狗们很失望，不耐烦了，就说："今天老爷爷表演的一点儿意思也没有，干脆把昨天那个瘤子还给他吧！"

说完，天狗就把昨天留下的大瘤子往老头左脸上那么一贴，就长上啦。这个老头就带着左边一个大瘤子和右边一个大瘤子下山了。

讲这个故事的目的就是想让大家明白：做任何事情都不能盲目地效仿别人。尺有所短，寸有所长，每个人的特点和长处不同，别人能很好地完成任务，你未必能很好地完成，因此，一定要有自知之明，找适合自己的事情做。

莫让毁誉摇摆你的心境

历来的士大夫阶层文化人，有些精神追求的人，往往在荣辱问题上采取顺其自然的态度。或仕或隐，无所用心。能上能下，宠辱不惊，只要顺势、顺心、顺意即可。这样一来，既可以在条件允许的情况下为百姓做点好事，又不至于为争宠争禄而劳心劳神，去留无意，亦可全身远祸；有时在利害与人格发生矛盾时，则以保全人格为最高原则，不以物而失性、失人格。如果放弃人格而趋利避害，即使一时得意，却要长久地受

良心谴责。

如何看待荣辱，什么样的人生观自然会有什么样的荣辱观，荣辱观是一个人人生观、处世态度的重要体现。

在荣辱问题上，做到"难得糊涂""去留无意"，这才叫潇洒自如，顺其自然。一个人，当你凭自己的努力、实干，靠自己的聪明才智获得了应得的荣誉、奖赏、爱戴、夸耀时，应该保持清醒的头脑，有自知之明，切莫受宠若惊，飘飘然，自觉霞光万道，所谓"给点光亮就灿烂"。无可无不可，宠辱不惊，当如古人阮籍所云"布衣可终身，宠禄岂足赖"。一切都不过是过眼烟云，荣誉已成过去时，不值得夸耀，更不足以留恋。另一种人，也肯于辛勤耕耘，但却经不住玫瑰花的诱惑，有了荣誉、地位，就沾沾自喜，飘飘欲仙，甚至以此为资本，争这要那，不能自持。更有些人，居官自傲，横行乡里，他活着就不让别人过得好。这些人是被名誉地位冲昏了头脑，忘乎所以了。

明建文帝四年（1402）六月，朱棣攻下应天，继承帝位，改号永乐，史称明成祖。论功行赏，姚广孝功推第一。故成祖即位后，姚广孝位势显赫，极受宠信。先授道衍僧录左善世，永乐二年（1404）四月拜善大夫太子少师。复其姓，赐名广孝。成祖与语，称少师而不呼其名以示尊宠。然而，当成祖命姚广孝蓄发还俗时，广孝却不答应；赐予府第及两位宫人时，仍拒不接受。他只居住在僧寺之中。每每冠带上朝，退朝后就穿上袈裟。人问其故，他笑而不答。他终身不娶妻室，不蓄私产。唯一致力其中的，是从事文化事业。曾监修《太祖实录》，还与解缙等纂修《永乐大典》。

永乐十六年（1418）三月，姚广孝84岁时病重，成祖多次看视，问他有何心愿，他请求赦免久系于狱的建文帝主录僧溥洽。成祖入应天时，有人说建文帝为僧遁去，溥洽知情，甚至有人说他藏匿了建文帝。虽没有证据，但溥洽仍被枉关十几年。成祖朱棣听了姚广孝这唯一的请求后立即下令释放溥洽。姚广孝闻言顿首致谢，旋即死去。成祖停止视朝二日以示哀悼。赐葬房山县东北，命以僧礼隆重安葬。

在明王朝初年那风云变幻、惊心动魄的政治舞台上，姚广孝在很多方面都表现了他多方面的惊人才智和谋略。至于他功高不受赐，则反映了他对统治阶级上层残酷倾轧的清醒认识和明哲保身的处世态度。

在商业社会中，要真正做到脱离物质而一味追求人格高尚纯洁确实很难。但要有了人格追求，起码可以活得轻松潇洒些，不为物质所累，更不会为一次晋级、一次调房、一次涨薪而闹得不可开交，即使不争不闹心中也闷闷不乐，郁郁寡欢；也不会为功名利禄而趋炎附势，投其所好，出卖灵魂，丢失人格。现实生活中，每个人都可能有一两次这样的经验和体会，当你放弃利害，保住人格时，那种欣喜愉悦是发自肺腑、淋漓尽致的。一个坦坦荡荡的人，他的心是宁静安逸的；而蝇营狗苟的小人，其心境永远是风雨飘摇。

得到了荣誉、宠禄不必狂喜狂欢，失去了也不必耿耿于怀，

忧愁哀伤，这里面有一个哲理，即得失界限不会永远不变。一切功名利禄都不过是过眼烟云，得而失之，失而复得这种情况都是经常发生的，意识到一切都可能因时空转换而发生变化，就能够把功名利禄看淡看轻看开些，做到"荣辱毁誉不上心"。

别为迎合别人去改变自己

老张一心一意想升官发财，可是从青春年少熬到斑斑白发，却还只是个小公务员。他为此极不快乐，每次想起来就掉泪。有一天下班了，他心情不好没有着急回家，想想自己毫无成就的一生，越发伤心，竟然在办公室里号啕大哭起来。

这让同样没有下班回家的一位同事小李慌了手脚，小李大学毕业，刚刚调到这里工作，人很热心。他见老张伤心的样子，觉得很奇怪，便问他到底为什么难过。

老张说："我怎么不难过？年轻的时候，我的上司爱好文学，我便学着做诗、写文章，想不到刚觉得有点小成绩了，却又换了一位爱好科学的上司。我赶紧又改学数学、研究物理，不料上司嫌我学历太浅，不够老成，还是不重用我。后来换了现在这位上司，我自认文武兼备，人也老成了，谁知上司又喜欢青年才俊，我……我眼看年龄渐高，就要退休了，一事无成，怎么不难过？"

可见，没有自我的生活是苦不堪言的，没有自我的人生是索然无味的，丧失自我是悲哀的。要想拥有美好的生活，自己必须自强自立，拥有良好的生存能力。没有生存能力又缺乏自信的人，肯定没有自我。一个人若失去自我，就没有做人的尊严，就不能获得别人的尊重。

老张的做法不禁让我们想起了一个笑话：一个小贩弄了一大筐新鲜的葡萄在路边叫卖。他喊道："甜葡萄，葡萄不甜不要钱！"可是有一个孕妇刚好要买酸葡萄，结果这个买主就走掉了。小贩一想，忙改口喊道："卖酸葡萄，葡萄不酸不要钱！"可是任凭喊破嗓子，从他身边走过的情侣、学生、老人都不买他的葡萄，还说这人是不是有神经病啊，酸葡萄卖给谁吃啊！再后来，卖葡萄的就开始喊了："卖葡萄来，不酸不甜的葡萄！"

可见，活着应该是为了充实自己，而不是为了迎合别人的旨意。没有自我的人，总是考虑别人的看法，这是在为别人而活着，所以活得很累。就像上面故事中的老张，为了自己能够升官发财，不得不去迎合自己的领导，可是这恰恰使他失去了自己最宝贵的东西——真我本色。而在他不断地根据不同领导的喜好调整自己做人与做事的"策略"的时候，时间飞快地流逝，同时他也真正失去了"升官发财"的机会，落得一事

无成。

有一个人带了一些鸡蛋上市场贩卖，他在一张纸上写着：新鲜鸡蛋在此销售。

有一个人过来对他说："老兄，何必加'新鲜'两个字，难道你的鸡蛋不新鲜吗？"他想一想有道理，就把"新鲜"两个字涂掉了。

不久又有人对他说："为什么要加'在此'呢？你不在这里卖，还会去哪里卖？"他也觉得有道理，于是又把"在此"涂掉了。

一会儿，一个老太太过来对他说："'销售'二字是多余的，不是卖蛋难道会是白送的吗？"他又把"销售"涂掉了。

这时来了一人，对他说："你真是多此一举，大家一看就知道是鸡蛋，何必写上'鸡蛋'两个字呢？"

结果，他把所有的字都涂掉了。

你不必去考虑那个卖蛋人写的字是否合理，但你要记住，任何时候做任何事情，都先要清楚地知道自己在做什么，他人的意见只能成为参考，而不能一味地为了迎合别人改变自己的观点。

一个人的主见往往代表了一个人的个性，一个为了迎合别人而抹杀自己个性的人，就如同一只电灯泡里面的保险丝烧断了一样，再也没有发亮的机会。无论如何，你要保持自己的本色，坚持做你自己。

有一个女孩从小就很喜欢唱歌，她梦想将来能成为一名歌唱家，并且为此苦练基本功，付出了艰苦的劳动。

然而，美中不足的是她的牙齿长得凹凸不齐。她常常深感苦恼，不知如何是好，只得尽量掩饰。

一天，她在新泽西州的一家夜总会里演唱时，设法把上唇拉下来，盖住难看的牙齿。结果弄巧成拙，洋相百出。因为表演失败，她哭得很伤心。

这时候，台下的一位老太太走到她身旁，亲切地说："孩子，你是很有音乐天分的，我一直在注意你的演唱，知道你想掩饰的是自己的牙齿。其实，长了这样的牙齿不一定就是丑陋，听众欣赏的是你的歌声，而不是你的牙齿，他们需要的是真实。"

"孩子，你尽可以张开你的嘴引吭高歌。如果听众看到连你自己都不在乎的话，好感便会油然而生。"老太太接着说，"那些自己想去遮掩的牙齿，或许还会给你带来好运，你相信不相信？"

从此以后，女孩再也不刻意去隐藏自己的牙齿，而是放下包袱，张大嘴巴尽情地高歌。正如那位老人所说的那样，她最后成为了美国著名的歌唱家，不少歌手都纷纷模仿她，学她的样子演唱。这个女孩就是凯丝·达莉。

虚荣是一种欲望，一旦这种欲望得不到理性的控制，就会泛滥。泛滥的结果就会使人忘记了一个深刻的道理：做人切忌盲从，别人觉得好的，未必就适合你。对于任何一个人来说，

无论是在工作中还是在生活中，最重要的不是为了迎合别人而改变自己，而是要保持本色，做最好的自己。

不要拿"他人"的标准来衡量自己

传说有一只兔子长了三只耳朵，因而在同伴中备受嘲讽戏弄，大家都说它是怪物，不肯跟它玩。为此，三耳兔很悲伤，经常暗自哭泣。

有一天，它终于把那一只多出来的耳朵忍痛割掉了，于是，它就和大家一模一样，再也不受排挤，它感到快乐极了。时隔不久，它因为游玩而进了另一座森林。天啊！那边的兔子竟然全部都是三只耳朵，跟它以前一样！但由于它已少了一只耳朵，所以，这座森林里的兔子们也嫌弃它，不理它，它只好快快地离开了。

这个寓言提醒人们，每个人都有各自的特点，也有各自的长处，不要拿别人的标准来衡量自己。

有自卑感的人，为了要取得优越地位所做的努力，往往会使错误更加严重。因为，他在做自己不擅长的事，他在做自己不喜欢的事，他完全失去了自我。这会为他招来更多的困扰，使他受到更多的挫折，一切都会变得不顺利，愈努力愈糟糕。

伊笛丝·阿雷德太太从小就特别敏感而腼腆，她的身体一直太胖，而她的一张脸使她看起来比实际还胖得多。伊笛丝有一个很古板的母亲，她认为把衣服弄得漂亮是一件很愚蠢的事情。她总是对伊笛丝说：“宽衣好穿，窄衣易破。”而母亲总照这句话来帮伊笛丝穿衣服。所以，伊笛丝从小就习惯于把自己包裹在肥大的衣服里，也越来越觉得自己肥胖丑陋。她变得非常自卑。伊笛丝从来不和其他的孩子一起做室外活动，甚至不上体育课。她非常害羞，觉得自己和其他的人都“不一样”，完全不讨人喜欢。

长大之后，伊笛丝嫁给一个比她大好几岁的男人，可是她并没有改变。她丈夫一家人都很好。伊笛丝尽最大的努力要像他们一样，可是她做不到。他们为了使伊笛丝开朗而做的每一件事情，都只是令她更退缩到她的壳里去。伊笛丝变得紧张不安，躲开了所有的朋友，情形坏到甚至怕听到门铃响。伊笛丝知道自己是一个失败者，又怕她的丈夫会发现这一点，所以每次他们出现在公共场合的时候，她都假装很开心，结果常常做得太过分。事后，伊笛丝会为此难过好几天。最后不开心到使她觉得再活下去也没有什么道理了，伊笛丝开始想自杀。

后来，是什么改变了这个不快乐的女人的生活呢？只是一句随口说出的话。

有一天，她的婆婆正在谈怎么教养她的几个孩子，她说：“不管事情怎么样，我总会要求他们保持本色。”

"保持本色！"就是这句话！在那一刹那，伊笛丝才发现自己之所以那么苦恼，就是因为她一直在试着让自己适应一个并不适合自己的模式。

伊笛丝后来回忆道："在一夜之间我整个改变了。我开始保持本色。我试着研究我自己的个性、自己的优点，尽我所能去学色彩和服饰知识，尽量以适合我的方式去穿衣服，主动地去交朋友。我参加了一个社团组织——起先是一个很小的社团——他们让我参加活动，把我吓坏了。可是我每发过一次言，就增加了一点勇气。今天我所有的快乐，是我从来没有想过可能得到的。在教养我自己的孩子时，我也总是把我从痛苦的经验中所学到的结果教给他们：'不管事情怎么样，总要保持本色。'"

所以，不要拿"他人"的标准来衡量自己，因为你不是"他人"，也永远无法用他人的标准来衡量自己；同样地，他人也不该以你的标准来衡量自己。只要你了解了这个简单、明显的真理，接受它，相信它，你的自卑感就会消失得无影无踪。

每个人都是不同的，这注定每个人的人生都将千差万别。而有些人总是喜欢拿自己的缺点和别人的优点相比，这就是自卑的原因。接着，自卑又强烈地刺激了一个人的自尊心，也就是我们所说的"自尊心太强"，其实，这也是虚荣心的表现。虚荣心强的人，过于自尊却缺乏自信，容易产生一种忌妒心理，不能容忍别人超过自己。这既是一种不良情绪，又是一种错误行为，轻则危害身体健康，重则导致人生的失败。

被伤到自尊时要保持冷静

当一个人被羞辱时，他的自尊心就受到了严重的挫伤，尤其是虚荣心强的人就会更加无法忍受，一怒之下做出什么冲动的事都有可能。

春秋时期，郑灵公在位期间，由公子宋和公子归生辅政。有一天，有人从汉江带回一个大鼋，献给灵公。灵公命屠夫炖肉汤招待朝中官员。这时，公子宋对灵公说："我每次食指跳动，总要尝到好吃的东西。今天食指跳动了几下，果然又有好东西品尝了，你看灵验不灵验？"

灵公听了，半开玩笑半认真地说："你的食指跳动灵验不灵验，这一次还得由我决定！"于是，他暗中吩咐屠夫，如此这般，屠夫心领神会，含笑而下。到了品尝鼋肉的时刻，郑灵公命令诸臣按官职大小，依次坐定。公子宋位居第一，扬扬自得，等着品尝。郑灵公却突然宣布，今天赏赐从最下席开始，公子宋便成了最后一个，他明知道这是灵公拿自己开心，又找不到反对的理由，只好压住火气，耐心等待。

大臣们一个个得到了赏赐的鼋羹，纷纷称赞，眼看只剩下

公子宋一人了，他眼睁睁地等着屠夫呈上鼋羹。谁知，这时屠夫向郑灵公报告说，鼋羹没有了。在众臣面前受到如此冷落和戏弄，公子宋真是怒火中烧。目睹公子宋的窘态，郑灵公开心极了，哈哈大笑，指着他说："我本来是命令遍赐群臣的，谁料想却偏偏你一个人没有。看来，这是命里注定你不该吃鼋肉啊。你看你的食指跳动要吃好东西的说法哪一点灵验呢？"

听了此话，公子宋恍然大悟，原来这一切都是灵公搞的鬼啊！为了挽回面子，他这时已完全失去了理智，遂不顾君臣之礼，突然起身走到郑灵公面前，将手探入灵公面前的鼎中，捏了一块鼋肉，放进口中，反唇相讥道："我现在已经尝到了鼋肉，食指跳动哪一点又不灵验呢？"说罢，不辞而别。

公子宋的言行，深深激怒了郑灵公，他当着众臣的面，愤愤地说："宋也太无礼，他眼中还有我这个君主吗？难道郑国就没有刀斧能砍掉他的脑袋不成？"众臣吓得纷纷跪倒在地，连连规劝，郑灵公仍愤愤不已。

一场盛会就这样不欢而散。从此，郑灵公与公子宋结下了仇恨。公子宋因惧怕灵公找借口除掉自己，干脆一不做，二不休，先发制人，在这一年的秋天派人刺杀了郑灵公。两年之后，郑灵公之弟追查公子宋指染君鼎之罪，将公子宋杀掉，暴尸于朝，尽诛其族。

君臣二人因一件小事而反目成仇，最后双方都死于非命，实在令人可惜。然而，在现实生活中，朋友之间为争面子，失去理智，闹矛盾，甚至大打出手的事，也是屡见不鲜的。

阿明和阿辉从小一起长大，是很好的朋友，大学毕业后又分到一个城市上班，偶尔聚一聚。这天，阿明过生日，就在一个酒店开了个包间，请了许多朋友，阿辉自然也来了。

阿明本不胜酒力，在大家的劝说下，多喝了几杯，然后话就多了起来。他指着阿辉对他的其他朋友说："这是我的铁哥们儿，别看他现在当了经理，风风光光的，告诉你们一个秘密，他上初中的时候还尿炕呢，哈哈……"

也许阿明本是无心，但是听者有意，就在大家哈哈大笑的时候，阿辉脸上却是红一阵白一阵，心下说，好你个阿明，在这么多人面前羞辱我，算我看错了你。他越想越生气，就冲着阿明大声说："我当了经理怎么了？你忌妒了吧？来给你过生日，是看得起你！哼！"

阿辉说完，拿起外衣，转身就出去了，门"砰"的一声响使得醉醺醺的阿明清醒了大半，他不知道自己哪里得罪了阿辉，心想，就算我说了什么对不起你的话，你也不能让我这么下不来台吧？真不给人面子！

阿明的脸色也有点不好看了，大家一看这情景，也都不敢说笑了，一场生日宴会最终不欢而散。阿明和阿辉从那以后，谁也没再理谁，偶尔在共同的朋友那里遇到，也假装不认识，从以前的铁哥们儿变成了陌路人。

如果当初阿辉能够冷静一点，理智一点，也许就不会造成后来的局面了。一个理智的人，即使面对羞辱也能保持冷静，

而不会一触即发走极端，使自己在愤怒中迷失方向。

当一个人受到羞辱的时候，会认为丢了面子，伤了自尊，因此大为恼火。虚荣心强的人，就更加无法保持冷静，不能理智对待，以致冲动行事，一错成千古恨。自尊虽然重要得很，可是如果为了挽回它，失去友谊，甚至要付出生命的代价，那就太不值得了。

自视别太高

有的人总是希望自己无论在哪方面都是最好的，为了维护自己的面子，他们常常故意夸大自己的能力，炫耀自己的长处，其实，这是一种自不量力的表现。别人在这一方面也许的确不如你，但是这不代表你方方面面都比别人强，也许在有些方面你与别人相差的还不仅仅是一段距离呢。

国王的御橱里有两只罐子，一只是陶的，另一只是铁的。骄傲的铁罐瞧不起陶罐，常常奚落它。

"你敢碰我吗，陶罐子？"铁罐傲慢地问。

"不敢，铁罐兄弟。"谦虚的陶罐回答说。

"我就知道你不敢，懦弱的东西！"铁罐显出了更加轻蔑的神气。

"我确实不敢碰你，但这不能叫作懦弱。"陶罐争辩说，"我们生来的任务就是盛东西，并不是互相撞碰的。在完成我们的本职任务方面，我不见得比你差，再说……"

"住嘴！"铁罐愤怒地说，"你怎么敢和我相提并论！你等着吧，要不了几天，你就会破成碎片，消灭了，我却永远在这里，什么也不怕。"

"何必这样说呢，"陶罐说，"我们还是和睦相处的好，吵什么呢？"

"和你在一起我感到羞耻，你算什么东西？"铁罐说，"我们走着瞧吧，总有一天我要把你碰成碎片！"

陶罐不再理会。

时间一天天过去了，世界上发生了许多事情，王朝覆灭了，宫殿倒塌了，两只罐子被遗落在荒凉的场地上。历史在它们上面积满了渣滓和尘土，一个世纪连着一个世纪。

许多年以后的一天，人们来到这里，掘开厚厚的堆积发现了那只陶罐。

"哟，这里有一只罐子！"一个人惊讶地说。

"真的，一只陶罐！"其他的人说，都高兴地叫了起来。大家把陶罐捧起，把它身上的泥土刷掉，擦洗干净，和当年在御橱的时候完全一样，朴素、美观。

"一个多美的陶罐！"一个人说，"小心点，千万别把它弄破了，这是古代的东西，很有价值的。"

"谢谢你们！"陶罐兴奋地说，"我的兄弟铁罐就在我旁

边，请你们把它挖出来吧，它一定闷得够难受了。"

人们立即动手，翻来覆去，把土都掘遍了，但一点铁罐的影子也没有。它，不知在什么年代，已经完全氧化，早就无踪无影了。

何必为了面子，而刻意与人计较长短呢？当我们为了一个面子的问题，与人争执的时候，其实，我们已经失去了自己想维护的面子。

上帝是公平的，世界上的每个人都有自己的优点和缺点，与其拿自己的长处与别人的短处相比，去强争面子，倒不如坦率地承认不足，把面子让给别人。

有位世界级的小提琴家在为人指导演奏时，从来都不说话。每当学生拉完一首曲子之后，他会亲自再将这首曲子演奏一遍，让学生们从聆听中学习拉琴技巧。他总是说："琴声是最好的教育。"

这位小提琴家每次收新学生时，通常都会要求学生当场表演一首曲子，算是给自己的见面礼，而他也先听听学生的底子，再给予分级。这天，他收了一位新学生，琴音一起，每个人都听得目瞪口呆，因为这位学生表演得相当好，出神入化的琴音犹如天籁。当学生演奏完毕，老师照例拿着琴上前，但是，这一次他却把琴放在肩上，久久不动。

最后，小提琴家把琴从肩上拿了下来，并深深地吸了一口气，接着满脸笑容地走下台。这个举动令所有人都感到诧异，没有人知道发生了什么事。小提琴家说："你们知道吗？这个孩子拉得太好了，我恐怕没有资格指导他。最起码在这首曲子上，我的表演将会是一种误导。"

霎时，雷鸣般的掌声响了起来。掌声送给学生，因为他超常的才华，但更是送给这位老师，因为他宽阔的胸襟！试问：有几个人能有此胆量和胸怀?！何况这是一位小提琴家，而且面对着那么多的学生和家长，他能不顾及自己的面子，承认自己不如学生，其精神实在让人佩服！

很多时候，我们并不是没有掌握承认的技术，而是丧失了承认的心情。因为我们怕承认了自己不如别人，就丢了面子。

爱慕虚荣的人，为了面子，不惜贬低别人，往自己脸上贴金；为了面子，惯于强词夺理，自我标榜。他们以为自己很了不起，以为别人都不如自己，以为承认自己不如别人就是丢面子。殊不知，有时候，谦虚一点，诚实一点，更能为自己赢得掌声。

有本事也不必自吹自擂

先来看一则寓言故事：

斑鸠强占了小喜鹊的窝，看着无家可归的喜鹊，斑鸠开心地说："你可知道谁是鸟中之王？"

小喜鹊胆战心惊地说："您是鸟中之王！"斑鸠满意地飞走了。不久斑鸠又啄光了小麻雀头上的毛，然后傲慢地问小麻雀："你可知道谁是鸟中之王？"

小麻雀吓坏了，结结巴巴地说："当然您……您是鸟中之王。"

斑鸠这下神气极了，它真的把自己当作鸟中之王了，耀武扬威地飞来飞去，见到一种鸟就向其炫耀自己的身份。迎面碰到了老鹰，它又问老鹰："你可知道谁是鸟中之王？"然后得意扬扬地等待着回答。

可是它没有听到老鹰说它是鸟中之王的回答，只看到老鹰扇了一下翅膀，它感到一股强风向自己袭来，然后就重重地从空中跌落在草丛里。它听到老鹰在它头顶恶狠狠地说："这下你知道谁是鸟中之王了吧。"

斑鸠不知高低，自我吹嘘为鸟中之王，结果被老鹰一下子就打回了原形，威风扫地。其实，真正实力雄厚的才是王者，光靠嘴上功夫是吹不出什么来的。有本事要让别人去说，不能老王卖瓜自卖自夸。不知收敛、好吹嘘自己的人，当真相被揭开时只会颜面无光、威风扫地。

生活中有些人总好炫耀自己曾经的辉煌，甚至把炫耀先人的业绩当作自己的光荣，这是极不光彩的。资历深自然值得尊重，但老是挂在嘴上当歌唱，就会贬值了。一个真正成功的人是不喜欢自吹自擂的，因为群众的眼睛是雪亮的，如果你真有本事，又何须炫耀呢？

东汉初时的名将冯异在建立东汉王朝的战争中屡立功勋，然而他在每次战争后，总独自躲在大树下，而不像其他人那样，聚在一处争说自己的功劳，因而他赢得了"大树将军"的美称。功劳是客观存在的，别人抹杀不掉，而自己吹嘘也不会增添半点。

古今中外，有不少居功自傲的人，最终还是落得身败名裂的下场，只有那些继承了谦虚美德的老实人才能"赢得生前身后名"，为人所津津乐道。

美国南北战争时，北军格兰特将军和南军李将军率部交锋，经过一番空前激烈的血战后，南军一败涂地，溃不成军，李将军还被送到爱浦麦特城去受审，签订降约。无疑，格兰特将军是最后的胜利者，但是他并没有对自己的成绩自吹自擂，而是表现得非常谦虚。他说："李将军是一位值得我们敬佩的人物。他虽然战败被擒，但态度仍旧镇定异常。像我

这种矮个子，和他那六尺高的身材比较起来，真有些相形见绌。他仍穿着全新的、完整的军服，腰间佩着政府奖赐他的名贵宝剑；而我却只穿了一套普通士兵服装，只是衣服上比士兵多了一条代表中将军衔的条纹罢了。"这一番谦虚的话，远比自吹自擂好得多。

有本事要让别人去评价，不必自我吹嘘、自我炫耀，因为你的成绩、你的成功，别人会比你看得更清楚。只有对自己的成就持有怀疑态度的人，才爱在人家面前抢风头，以掩饰不足。

曾经有人说："愈是不喜欢接受别人赞誉的人，愈是表明他知道自己的成功是微不足道的。"假使一个人常常把一点微不足道的成绩当作一桩了不得的事情，那他无异于是在欺骗自己，就像那些被魔术欺骗了的观众一样。这样的人早晚将会走上失败之路，因为他早已没有自知之明了。一个没有自知之明的人做事就如同盲人摸象，又如何会取得成功呢？

好自我炫耀的人，常常是外强中干。他们的目的只不过是为了引起大家对他的关注，以满足自己的虚荣心。没有本事的胡乱吹嘘，必定会被人揭穿真相而颜面尽失。有真本事也不要挂在嘴上，俗话说"群众的眼睛是雪亮的"，你有几斤几两，旁观的人心知肚明。因此，还是收敛一下嘴上功夫，用行动说话最好。

掩饰错误不如承认错误

格里·克洛纳里斯在北卡罗来纳州夏洛特当货物经纪人。在他给西尔公司做采购员时，发现自己犯下了一个很大的业务上的错误。有一条对零售采购商至关重要的规则，是不可以超支你账户上的存款数额。如果你的账户上不再有钱，你就不能购进新的商品，直到你重新把账户填满，而这通常要等到下一个采购季节。

那次正常的采购完毕之后，一位日本商贩向格里展示了一款极其漂亮的新式手提包。可这时格里的账户已经告急。他知道他应该在早些时候就备下一笔应急款，好抓住这种叫人始料未及的机会。

此时他知道自己只有两种选择：要么放弃这笔交易，而这笔交易对西尔公司来说肯定会有利可图；要么向公司主管主动承认自己所犯的错误，并请求追加拨款。正当格里坐在办公室里苦思冥想时，公司主管碰巧顺路来访。格里当即对他说："我遇到麻烦了，我犯了个大错。"他接着解释了所发生的一切。

尽管公司主管平时是个非常严厉苛刻的人，但他深为格里

的坦诚所感动，很快设法给格里拨来了所需款项。手提包一上市，果然深受顾客欢迎，卖得十分火爆。而格里也从超支账户存款一事中汲取了教训。

　　这个故事告诉我们，当不小心犯了某种大的错误时，最好的办法是坦率地承认和检讨，并尽可能快地对事情进行补救。只要处理得当，你依然可以赢得别人的信赖。

　　喜欢听赞美是每个人的天性。忠言逆耳，当有人尤其是和自己平起平坐的同事对着自己狠狠数落一番时，不管那些批评如何正确，大多数人都会感到不舒服，有些人更会拂袖而去，连表面的礼貌也不会做，令提意见的人尴尬万分。这样的结果就是，下一次如果你犯再大的错误，也没有人敢劝告你了，这不仅会让你在错误的路上越滑越远，更是你做人的一大损失。当我们错了，就要迅速而真诚地承认。

　　如果你在工作上出错，就应该立即向领导汇报自己的失误，这样当然有可能会被大骂一顿，可是上司的心中却会认为你是一个诚实的人，将来也许对你更加器重，你所得到的，可能比你失去的还多。

　　事实上，一个有勇气承认自己错误的人，他不但可以获得某种程度的满足感，还可以消除罪恶感，有助于弥补这项错误所造成的后果。卡耐基告诉我们，傻瓜也会为自己的错误辩护，但能承认自己错误的人，就会获得他人的尊重，而且令人有一种高贵诚信的感觉。

　　承认错误是一种人生智慧，只有人们对错误采取认真科学分析的态度，才能反败为胜。现实中，许多人为了面子死不认错，硬认死理，只会让自己一错再错，损失更大的"面子"。

由此，一个人要想有面子，就要不怕丢面子。孔子说："过而不改，是谓过矣。"意思是说，犯了一回错不算什么，错了不知悔改，才是真的错了。

闻过则喜、知过能改，是一种积极向上、积极进取的人生态度。只有当你真正认识到它的积极作用的时候，才可能身体力行去聆听别人的善意劝解，才可能真正改正自己的缺点和错误，而不致为了一点面子去忌恨和打击指出自己过错的人。闻过易，闻过则喜不易，能够做到闻过则喜的人，是最能够得到他人帮助和指导的人，当然也是最易成功的人。

在我们犯了错误的时候，总是想得到别人的宽恕，而不是斥责。其实，宽恕是对我们的纵容，别人宽恕了我们第一次，我们可能会犯第二次、第三次。我们要学会在犯了错误的时候，坦率地承认，并担负我们该负的责任，而不是为了怕丢面子，百般辩解，文过饰非。

别人的话，你要听听

我们都知道"良药苦口利于病，忠言逆耳利于行"这样的大道理，可现实是，许多人都不愿意听那些"逆耳忠言"，都喜欢那些"甜言蜜语"。

听听隋炀帝说的话吧，他说："我天性不喜欢听相反的意见，对所谓敢于直谏的人，都自说其忠诚，但我最不能忍耐。你们如果想升官晋爵一定要听话。"如此露骨地宣称自己就是爱听奉承话，实在是让人汗颜。像他这样的虚荣之人，哪里会长久地统治江山？果真短短的 15 年后，就众叛亲离，国家易主，他也由此背上了千古骂名。

有一则寓言说的是住在北邙山的一家，主人叫弥子麂。在他家办喜事的时候，笼中的喜鹊在一边婉转鸣唱，槐树上的乌鸦却"呱呱"乱叫，扰乱了喜庆的筵席。这时，一位老人经过说："乌鸦是天使，它在警示人们洪水要来了！大家赶快逃命去吧！"

而这位弥子麂却不信，认定乌鸦是丧门星，报忧不报喜，会带来灾难，而喜鹊报喜不报忧，唱歌说明根本没有洪水。于是，弥子瑕一家三代 36 口人坚守"家园"。不料洪水果真来了，要逃跑为时已晚，弥子瑕一家全都做了水中鱼鳖。

《汉书·霍光传》中也曾记载了这样一个故事：

有个人在他新房盖起来后，宾客人人称赞。但有人却说，这烟囱太直容易喷火星，柴草（薪）堆得太近，容易发生火灾。这些都惹得主人很不高兴。不久，主人家果然失火，亏得邻居及时赶来把火扑灭，才没有造成更大的损失。

事后，主人杀牛摆酒，酬谢前来救火的邻居。他特地请那些被火烧得厉害的人坐在上首，其他的则按照出力大小安排座次，唯独没有请建议他改砌烟囱、搬走柴薪的那位客人。

由于虚荣心在作怪，很多人不愿意在别人面前承认自己的不足或过失。如果我们能少一点虚荣心，在事前能不断听取别人合理的意见和建议，在事后能虚心地放下架子承认不足或过失，那么我们的人生就可以少走很多弯路。

在生活和工作中，我们也常常会碰到一些给我们找点刺、挑点小毛病的人，虽然他们有时会让我们不高兴，但在我们的成长过程中，却不能缺少这类人，他们可以让我们时时警惕，少犯错误。一个人如果缺少了提醒，缺少了约束，那么他离身败名裂的日子也就不远了。

奉承话虽然听来顺耳，却能害人；有些忠告听来虽然是让人心生不快，但那却是真的在助你。所以，作为人，一定要克

服自己的虚荣心，不要只听那些悦耳的"歌声"，也适时地听听那些逆耳的忠言吧！

良药再苦，我们也会捏着鼻子将其咽下，因为不咽下去就要忍受疾病的折磨，良药的目的是治病。同理，忠言虽然听起来不舒服，远没有那些美妙的溢美之词受用，可是为了防患于未然，为了以后不付出更大的代价，还是耐心一点，宽容一点，听听那些善意的忠告吧。

感谢踢你一脚的那个人

李蔓刚从大学毕业的时候，被分配在一个离家较远的公司上班。每天清晨7时，公司的专车会准时等候在一个地方接送她和她的同事们。

一个骤然寒冷的清晨，闹钟尖锐的铃声骤然响起，李蔓伸手关闭了吵人的闹钟，打了个哈欠，转了个身又稍微赖了一会儿暖被窝。那一个清晨，她比平时迟了一会儿起床，当她抱着侥幸的心理，匆忙奔到专车等候的地点时，已经是7点5分，班车开走了。站在空荡荡的马路边，她茫然若失，一种无助和受挫的感觉第一次向她袭来。

就在她懊悔沮丧的时候，突然看到了公司的那辆蓝色轿车停在不远处的一幢大楼前。她想起了曾有同事指给她看过那是上司的车，她想真是天无绝人之路。她向那车走去，在稍稍犹豫后打开车门悄悄地坐了进去，并为自己的聪明而得意。

为上司开车的是一位慈祥温和的老司机。他从反光镜里已看她多时了，这时，他转过头来对她说："你不应该坐这车。"

"可是班车已经开走了，不过我的运气真好。"她如释重负地说。

这时，她的上司拿着公文包飞快地走来。待上司习惯地在前面的位置上坐定后，她才告诉他说："对不起，班车开走了，我想搭您的车子。"她以为这一切合情合理，因此说话的语气充满了轻松随意。

上司愣了一下，但很快坚决地说："不行，你没有资格坐这车。"然后用无可辩驳的语气命令："请你下去！"

她一下子愣住了——这不仅是因为从小到大还没有谁对她这样严厉过，还因为在这之前她没有想过坐这车是需要一种身份的。就凭这两条，以她过去的个性定会重重地关上车门以显示她对小车的不屑一顾，而后拂袖而去。可是那一刻，她想起了迟到将对她意味着什么，而她那时非常看重这份工作。

于是，一向聪明伶俐但缺乏生活经验的她变得从来没有过的软弱，她用近乎乞求的语气对上司说："我会迟到的。"

"迟到是你自己的事。"上司冷淡的语气没有一丝一毫的回旋余地。

她把求助的目光投向司机，可是老司机看着前方一言不发。委屈的泪水蓄满了她的眼眶，她强忍住不让它们流出来。

车内一下子陷入了沉默，她在绝望之余为他们的不近人情而伤心。他们在车上僵持了一会儿。最后，让她没有想到的是，她的上司打开车门走了出去。坐在车后座的她，目瞪口呆地看着有些年迈的上司拿着公文包，在凛冽的寒风中挥手拦下一辆出租车，飞驰而去。泪水终于顺着她的脸颊流淌下来。

　　老司机轻轻地叹了一口气："他就是这样一个严格的人。时间长了，你就会了解他了。他其实也是为你好。"

　　老司机给她说了自己的故事。他说他也迟到过，那还是在公司创业阶段，"那天他一分钟也没有等我，也不要听我的解释。从那以后，我再也没有迟到过。"

　　李蔓默默地记下了老司机的话，悄悄地拭去泪水，下了车。那天她走出出租车踏进公司大门的时候，上班的钟点正好敲响。

　　从这一天开始，她长大了许多。

　　仔细想想，能让你长久记住的，恰恰是那些真正批评过你的人，因为他们是真心地对你好，真心地想帮助你。所以，当别人批评你时，你应该为此而高兴，因为他无偿告诉了你现在正处于什么样的位置，你应该怎么做才能更好，对于这样一个收获，你难道不应该向批评你的人表示感谢吗？

不要在别人给的荣耀里忘乎所以

有这样一个寓言故事：

一只猫饱餐了一顿，顾不上洗脸，打了一个哈欠，呼呼睡着了，鼻子上还沾着奶油呢。这时一只饥肠辘辘的老鼠循着奶油的香味而来，来不及看清周围的境况，莽莽撞撞张开嘴就咬。"哎哟！"一声惨叫，被疼痛惊醒的猫，还没弄清怎么回事，就吓得逃之夭夭了。消息传开，这位莽撞的老鼠在鼠国里家喻户晓，它被同伴们视为无畏的勇士，成了鼠类的骄傲。

"您为我们出了一口气，以前只有我们见猫逃的事，今天竟然是猫逃走了。在我们鼠类历史上还是第一次，您将永垂史册。"老鼠国的所有成员都夸奖它说。从此，无论这位鼠英雄走到哪里，哪里都有鲜花和欢呼围绕；还有漂亮的鼠小姐们对它频送秋波，脉脉含情。就这样，这位英雄也慢慢地相信自己真的是猫的克星，不知不觉就变得趾高气扬起来。

谁知没过多长时间，这只鼠勇士又碰上了那只倒霉的猫，它暗自高兴，这次又可以大显身手了，一定再给猫一个重创，抓瞎它的眼睛，用更大的胜利赢得更高的荣誉与尊敬。可是它

第一篇 人生静如禅，舍弃虚无的浮华

37

却没有想一想，自己怎能是猫的对手？这次不仅没逮着便宜，反而被对方咬得遍体鳞伤，尾巴也被咬掉了半截，险些性命都难保了。

这倒霉的消息不胫而走，又轰动了整个鼠国。这次大家却不是用鲜花和欢呼迎接它，取而代之的却是铺天盖地的咒骂和唾沫："懦夫！小丑！真是丢脸！"往日的英雄再没有人理睬，别说老鼠姑娘们的青睐，就是走路也得藏着半截尾巴，低着脑袋。

获得荣耀的确是人生的大喜事，但我们不能在这份荣耀里忘乎所以，更不能将此作为骄傲的资本，用来炫耀和显摆，以此来满足自己的虚荣心。

秋天来了，树上的叶子一天比一天稀少，天气也逐渐凉下来。一只蝙蝠在飞来飞去，它哭着说冷。鸟中之王——鹰看见了它。

"你为什么哭啊，蝙蝠？"老鹰问道。

"因为我冷。"

"为什么别的鸟不哭呢？"

"它们不冷，因为它们都有羽毛。可是我连一根羽毛也没有。"

老鹰考虑了一下，觉得蝙蝠一片羽毛也没有，确实可怜，于是就让所有的鸟各给蝙蝠一片羽毛。蝙蝠有了各种鸟儿的羽毛后，显得漂亮极了，每片羽毛颜色都不一样。蝙蝠把翅膀张开时，真叫人眼花缭乱。

蝙蝠因为有了这五彩缤纷的羽毛而骄傲起来，每天都欣赏自己的羽毛，不理睬别的鸟儿。它老是自我陶醉着：瞧我有多漂亮！

鸟儿都飞到它们的国王老鹰那里去，愤愤不平，向它告状说蝙蝠因为有别人给它的羽毛而自夸，跟别的鸟儿连话都不愿意说。国王老鹰把蝙蝠叫了过来。

"所有的鸟都在告你的状，蝙蝠！"老鹰对它说，"听说你拿它们的羽毛来自夸，骄傲得连话都不愿同它们说了，是真的吗？"

蝙蝠说："它们是出于妒忌才说的，因为我比所有的鸟都漂亮得多。你瞧一瞧，自己判断吧！"蝙蝠张开两扇翅膀，也的的确确很美丽。

"那么好吧！"老鹰说，"如今让每只鸟把原来给你的那片羽毛收回去，既然你这么漂亮，就用不着要别人的羽毛了。"

所有的鸟都扑向蝙蝠，把自己的那片羽毛取了回来。蝙蝠又跟原来一样光秃秃的了。它感到羞耻。从这个时候起，它老是害羞，总是夜间才飞出来，免得别的鸟看见它。

没有自知之明的人，一味地炫耀自己侥幸得到的荣耀，只能得到失败的苦果。对于一些虚无缥缈的东西，哪怕是真正自己获得的荣誉，也最好放在内心自己欣赏，而绝不可当众夸耀自己。那些荣誉都是别人给你的，别人既然能给你，也就能够收回。所以，不要在别人给的荣耀前乐得翘尾巴，这不仅是一

种缺乏修养的表现，更是处世做人的一大忌讳。

人生要攀登无数个高峰，获得一种荣耀就意味着我们胜利攀登上了一个高峰。但我们不能醉心于赞扬和掌声，沾沾自喜，忘乎所以，以致不能自拔，而是应该把理性的目光投向下一个高峰，去迎接新的挑战！

贪图虚名终自误

有这样一个寓言，值得我们深思：

在一个森林的草坪上，几只小鹿争论着彼此什么地方最足以炫耀。一只公鹿刻意地甩甩头，骄傲地说："美丽的鹿角最神气、最帅气。"

小鹿的头上除了有些鹿茸外，什么也没有，都不免自惭形秽，羡慕不已。

"难道我们一点优点也没有吗？"有只小鹿不服气地说。

"不错！"公鹿立刻顶回去，"尤其，你们的四肢又细又瘦，难看死了。"

这时，狮子突然出现了。惊骇之余，大家四下拼命逃窜。摆脱了狮子的追逐之后，大家回头一看，却见公鹿狼狈不堪地在树丛中挣扎："救命啊，我的鹿角被树枝卡住了！"就在公鹿进退不得之际，狮子追来了……

小鹿细瘦的四肢，虽然不起眼，但足可为逃生的工具；公鹿美丽的鹿角，虽然醒目，却是使它丧生的累赘。

虽然这只是一个寓言故事，但是生活中的很多人都像公鹿一样，热衷于虚名，却不知道虚名不过是徒有虚表，并不实用。

春秋时期，齐国有公孙接、田开疆、古冶子三名勇士，皆万人难敌，立下许多功劳。

但这三个勇士自恃功劳过人，非常傲慢狂妄，别说一般大臣，就是国君也敢顶撞。

当时晏婴在齐国为相，对这三位的举止言行很是担心。因为他们勇武过人，但没什么头脑，对国君也不够忠诚，万一受人利用教唆，必成大患。晏婴便与齐景公商议，要设计除掉这三人。一日鲁昭公来访，齐景公设宴招待，晏婴献上一盘新摘的鲜美的大桃子。

宴毕，还剩下两只桃子，齐景公决定将两只桃子赏给臣子，谁功劳大就给谁。当然，这就是晏婴的计谋。若论功劳，自然是三勇士最大，但桃子只有两个，怎么办？三人各摆功劳，互不相让，都要争这份荣誉，其中两人先动起手来，一人失手杀死另一人后，自觉对不住朋友，自杀而亡。剩下的一位想当初三人为了争两只桃子，结果死去两个，也不愿独存，当

场自杀。这样，齐景公就除掉了心头大患。这就是历史上有名的"二桃杀三士"的故事。

这个故事，也是一个贪虚名而得实祸的典型例证，如果他们相互谦让，不贪图身外的虚名，那么他们就不会丢掉性命，也不会成为千古笑柄。

虚荣心是人类最难克服的弱点之一。生活中，很多人都热衷于虚名，以为追求的是花冠，却不知是桎梏。王安石的《寄吴冲卿》诗中有一句"虚名终自误"，令人警醒。人追求荣誉，这无可厚非，但应该分清是什么样的荣誉：是名实相副，还是盛名之下，其实难副的名誉。后者不仅徒累自身，还可能招致灾祸。

第二篇

宁静而致远，舍弃内心的浮躁

能忍耐，才是长久的基石

有一天，波曼正在家里，听到他公司里有一个职员埋怨自己的工作，嫌公司安排他的工作太过度，并且没有人赏识他。波曼想马上走向前去，把他辞退。但是他等自己的怒气消退一点的时候，前去对那职员说："乔治，你近来是不是觉得受了委屈？"

"啊！没有，"他答，"我觉得很好。"

"我听你说工作太过度了，有点不满足于你的工作。"波曼和颜悦色地继续说着。

那个职员非常惭愧地说，因为昨天在一块泥泞的地上摔倒了，一直觉得自己很委屈。

如果在生活中一些琐碎的事情使你老是烦躁不安，首先应找出使你烦躁的原因，再想办法解除它，或找个阳光明媚、山清水秀的地方散散步。

大银行家斯提尔曼一次严厉地呵斥银行里的一个高级职员。这位职员可怜地站在他的面前。他坐在写字台后，铁黑的

44

面孔，一支钢笔在手指间不停穿梭，一上一下不停地在桌上敲着，用一种冷嘲热讽的口吻，对着这个职员严厉地痛骂着，以至于那不幸的职员只能战栗，大颗的汗珠布满额头。

他在痛骂员工时还有一个客户在场。那客人觉得太可怕了，终于忍不住说出来："斯提尔曼，我一生中从没有看见过像你这样粗暴的人。这个职员在你银行里身居重要的职位，而你当着一个客人的面侮辱他！假如你激起他马上用刀把你刺死，我都不会觉得稀奇！一个人不能如此对别人，或是任自己这样放纵。我想你的神经几乎要崩溃了，不能再留在办公室里了！"

斯提尔曼听了这种斥责静默不动，他的脸色潜伏着愤怒，钢笔还是不住地在桌上敲着。终于他冒出一句："你滚！"结局当然不言自明了，斯提尔曼的那位得力的助手辞职了，他的那位客人从此再也没有上过他的门。本来谈好的合作项目当然也告吹了。

像斯提尔曼这样的人，如果他的公司倒闭的话，我们不会感到奇怪，因为他用怒火把自己的工作烧得面目全非。而如果波曼来处理这件事，结果肯定会是另一种情况了。

再说我国三国时期发生的一件事。诸葛亮率领大军北伐曹魏时，迎战的魏国大将司马懿虽然也是三国时代的名将，可是对诸葛亮灵活的战术，常常觉得无计可施。吃了几次苦头后，

干脆就闭城休战，采取不理不睬的态度来对付诸葛亮。因为他认定诸葛亮远道来袭，后援补给都很不方便，只要拖延时日，消耗蜀军的战斗力，最后一定可以把握良机，反败为胜。

果然，诸葛亮耐不住他的沉默战法，好几次派兵到城下骂阵，企图激怒魏兵，引诱司马懿出城决战，但魏兵在司马懿的控制下，一直闷声不响。所以，诸葛亮就想出了一着"激将法"，派人送给司马懿一件女人的衣裳，并附上一封信说："如果你不敢出城应战，就穿上这件衣裳，我们也就回去了。如果你是一个知耻的勇士，希望你堂堂正正地列阵决战。"

这封充满轻视的侮辱信，果然在曹魏的军营里激起很大的反应，那些少年气盛的部将纷纷向司马懿说："士可杀不可辱，像这种欺人太甚的信公然送来，如果我们一味地沉默，未免太懦弱了。我们希望主将赶快下令，出城和蜀军决一生死。"

司马懿虽然也被激怒了，但他毕竟老谋深算，知道蜀军人人怀着建功的心愿而来，斗志昂扬，在没有力竭以前，绝不好缠；所以在紧要关头，仍勉强把心中的怒气压抑下来，讲了许多精神鼓励的话，把自己的军心稳住，终于没有让诸葛亮的计谋得逞。

就这样又坚持了数月，不幸诸葛亮病逝军中，此时蜀军群龙无首，只好悄悄退兵。不多久蜀帝阿斗因为无能，毫无大志，受不了司马懿大军压境，竟反过来向曹魏投降，蜀汉也就灭亡了。

"能忍耐，才是长久的基石——要把愤怒视为自己的敌人。"这是德川家康的遗训，颇值得我们深切地去体味一番。

让心豁达

曾读过一则非常有意思的寓言：

话说两条欢天喜地的河，从山上的源头出发，相约流向大海。它们各自分别经过了山林幽谷、翠绿草原，最后在一片荒漠前碰头，相对叹息。

若不顾一切往前奔流，它们必会被干涸的沙漠吸干，化为乌有；要是停滞不前，就永远也到达不了无边无际的大海。云朵闻声而至，向它们提出了一个拯救它们的办法。

一条河绝望地认为云朵的办法行不通，执意不去做；另一条河则不肯就此放弃投奔大海的梦想，毅然化成了水蒸气，让云朵牵引着它飞越沙漠，终于随着暴雨落在地上，还原成河水流到大海。

不相信奇迹的那条河，宿命地流向前方，被无情的沙漠吞噬了。

在面对生活的困境时，我们都可以选择当第二条河，凭着自己坚定的理念和梦想，在绝处寻找生机，而不是用死亡来拒绝面对的难题。

有一名乳癌病患者，她透露自己当初在被推入手术室的那一刻，不断地和上帝"讨价还价"，祈求上帝让她多活 10 年，待她那两个年幼的孩子年长一些，再来把她带走。

在那一刻，孩子成了她活着的最大的意义。为了孩子，她积极乐观地面对病魔，一路走来已有 12 年，而上帝也未向她"讨债"。她说，患病后认识的另一名女士就没这么幸运了。虽然病情相似，但她却因丈夫离开，生活失去了重心而自怜自艾，放弃与病魔搏斗。面对死神的挑战，患病不到 5 个月的她选择弃权，像到了沙漠中被索干水分至死的第一条河。

反观前者，从最初难以接受不断地质问："为什么是我？"到现阶段自适豁达地面对自己的病情，她显然已飞越过生命中干旱的沙漠，尝到了生命源泉的甘甜。

是不是没尝过茶般的苦涩，就无法体会美酒的醉人？难道我们就非得经过挫折和生活的历练，才能真正领悟出活着的意义？

完美可遇不可求

人生是没有完美可言的，生活中处处都有遗憾，这才是真实的人生。因而人不能苦于那种"完美"的追求之中，只会留给我们更多的遗憾。

有个魂灵对老天爷说："您派给我一个最好的形象，我将永远崇拜您。"

老天爷仁慈地回答："好，你准备做人吧，这是世界上最好的形象。"

魂灵问："做人有风险吗？"

"有，钩心斗角、残杀、诽谤、夭折、瘟疫……"

"另换一个吧？"

"那就做马吧！"

"做马有风险吗？"

"有，受鞭笞、被宰杀……"

"唉，请再换一个吧。"

"老虎？"

"老虎！"魂灵乐了，"老虎是兽中王，它一定没风险。"

"不，老虎也有风险，有时被人猎杀，有一种小兽是它的克星……"

"啊，老天爷，我不想当动物了，植物总可以吧。"

"植物也有风险，树要遭砍伐，有毒的草被制成药物，无毒的草人兽食之……"

"啊……恕我斗胆，看来只有您老天爷没风险了，让我留在你身边吧……"

老天爷哼了一声："我也有风险，人世间难免有冤情，我也难免被人责问，时时不安……"说着，老天爷顺手扯过一张鼠皮，包裹了这个魂灵，推下界来：

"去吧，你做它正合适。"

"岂能尽如人意，但求无愧我心"，生活中有着太多的不如意，如果事事苛求完美，生命也就毫无快乐可言。当你面对不幸与挫折的时候，不妨静下心来想一想，如果你已经尽了自己最大的努力，又有什么值得遗憾的呢？生活中如果尽善尽美，那我们的人生又有什么意义呢？

生命的规则

人生是丰富多彩的，你不可能简单地确定你将要干什么和不去干什么。

一只飘摇的生命之舟，在时空的长河中缓缓驶来。

生命之舟中有一个刚刚诞生的生命，他沉睡着。他不会说，不会笑，不会跳，不会闹，也不会思考。他只是沉睡着。

"你从何处来？要到何处去？"一个声音问。

"我从何处来，要往何处去。"一个声音回答。

生命之舟在时空的长河中默默前行。

忽然，一阵声音传来：

"等一等，等一等！请载着我们同去！"

随着声音，只见痛苦与欢乐、爱与恨、善与恶、得与失、成功与失败、聪明与愚钝，手拉着手游向生命之舟。

痛苦从左边上了船，欢乐从右边上了船；爱从左边上了船，恨从右边上了船……待这些人生的伴侣们进到了船舱，这只飘摇的生命之舟顿时沉重了许多，舱中的生命顿时活跃了，哭声和笑声间或从舟中传出来。

忽然，又一阵喊声传来：

"等一等！等一等！还有我们！"

随着声音，只见清醒与糊涂、路人与朋友，双双相携游来。

清醒从左边上了船，糊涂却迟迟不肯上去。

路人从左边上了船，朋友也迟迟不肯上去。

"喂！怎么回事？朋友！糊涂！你们快上来呀！"一个声音招呼着他们。

"不！除非糊涂先上去，我才会上去！否则，生命是容不下我的！"朋友说。

"不！我也不想上去，我知道我是不受欢迎的！"糊涂说。

"请上船吧，糊涂！你知道你在我的一生中多么重要吗？我要得到朋友，首先要得到你，我要成就一番事业，没有你是万万不行的。"船中的生命呼唤着。

于是，糊涂犹犹豫豫地上了船，朋友紧跟着也上去了。

飘摇的生命之舟，在时空长河中满载前行着。

这时，后面又传来了呼唤声：

"等一等我，别忘了我！我一直在追随着你哪！"这是死亡的呼喊。

生命之舟没有停下，不知是它没有听见，还是不愿听见死亡的声音？

生命之舟继续向它的"去处"驶去。

死亡紧紧地在后面追赶着。

生命有着自己的规则。从生命诞生的那一刻起，上帝就会赠予它们同样的礼物，无论喜欢还是不喜欢，生命都必须收下这些礼物，变得更加完整。生命会按照自己的规则走下去，追逐自己的理想，实现自己的意义，完成自己的使命。

感受生命的乐趣

当我们以全力往前跑的时候，我们的眼睛不断注视着前面，两边什么也看不见。

世上充满了有趣的事情可做，可是生活中的大多数人都竭尽全力地追逐自己的目标，却忽视了生命中无穷的乐趣。

生活是一门艺术，生活要过得简单而不乏味，有情趣而不孤寂，才能够领悟人生的真谛，感受生活的美好。

芝加哥的约瑟夫·沙巴士法官，他曾审理过4万件婚姻冲突的案子，并使2000对夫妇和好。他说："大部分的夫妇不和，根本是肇因于许多琐屑的事情。诸如，当丈夫离家上班的时候，太太向他挥手再见，可能就会使许多夫妇免于离婚。"

劳·布朗宁和伊丽莎白·巴瑞特的婚姻，可能是有史以来

最美妙的了。他永远不会忙得忘记在一些小地方赞美她和照顾她，以保持爱的新鲜。他如此体贴地照顾他的残废的太太，结果有一次她在给姐妹们的信中这样写道："现在我自然地开始觉得我或许真的是一位天使。"

简单的生活琐事，可能会给你带来不同的结果，就看你是不是掌握了生活的艺术。

真正懂得乐观地去生活的人，是因为他的生活富有情致。

任何人都想拥有幸福且充满活力的人生。除了要保持愉悦的生活情绪外，时时接受新事物的挑战也显得格外重要。

年龄虽大但依然精力充沛的人，多半是不断接受挑战的人。努力对很多事物充满兴趣，寻找新的挑战，并且去体验一些新的发现，会帮助你打破乏味的生活方式。

这就像卡耐基先生的一句话：

"只要生活有情趣，我们将不会老是踩在马路上的香蕉皮上。"

生命中，除了一些我们必须达到的目标以外，还有一些美好的风景也同样引人入胜。用心体会生命的情趣，我们会得到精神的慰藉和情感的升华，让我们以一种轻松愉悦的心情去追逐前方的目标；适时地接受生活中的新鲜事物，生活不再枯燥，旅途也不会特别劳累。

微笑的魅力是无穷的

戴尔·卡耐基说过："一个人的面部表情，比穿着更重要。笑容能照亮所有看到它的人，像穿过乌云的太阳，带给人们以温暖。"

在交际中，微笑的魅力是无穷的。它就像巨大的磁铁吸引铁片一样，吸引着你，诱惑着你，让你无法拒绝它，它可以创造人际关系的奇迹，同时也改变着我们自己。

斯坦哈德结婚已有18年了，这么多年来，从他起床到离开家这段时间内，他很难对自己的太太露出一丝微笑，也很少说上几句话。家里的生活很沉闷。

他决定改变这种状况。一天早晨他梳头时，从镜子里看到自己那张绷得紧紧的脸孔，他就向自己说："比尔，你今天必须要把你那张凝结得像石膏像的脸松开来，你要展出一副笑容来，就从现在开始。"坐下吃早餐的时候，他脸上有了一副轻松的笑意，他向太太打招呼："亲爱的，早！"

太太的反应是惊人的，她完全愣住了，可以想象到，那是出于她意想不到的高兴，斯坦哈德告诉她以后都会这样。从那

以后，他们家庭的生活就完全变样了。

　　现在斯坦哈德去办公室，会对电梯员微笑着说：你早！去柜台换钱时，对里面的伙计，他脸上也带着笑容。他在交易所里时，对那些素昧平生的人，他的脸上也带着一缕笑容。

　　不久他就发现每一个人见到他时，都向他投之一笑。对那些来向他道"苦经"的人，他以关心的、和悦的态度听他们诉苦。而无形中他们所认为苦恼的事，变得容易解决了。微笑给他带来了很多的财富。

　　斯坦哈德和另外一个经纪人合用一间办公室后他雇用了一个职员，是个可爱的年轻人，那年轻人渐渐地对他有了好感。斯坦哈德对自己所得到的成就，感到得意而自傲，所以他对那年轻人提到"人际关系学"。那年轻人这样告诉斯坦哈德，他初来这间办公室时，认为他是一个脾气极坏的人。而最近一段时间来，他的看法已彻底地改变过来。他夸斯坦哈德微笑的时候很有人情味！

　　斯坦哈德也改掉了原有对人的批评，把斥责人家的话换成赞赏和鼓励。他再也不讲我需要什么，而是尽量去接受别人的观点。这些事真实地改变了他原有的生活。现在斯坦哈德是一个跟过去完全不同的人了，一个更快乐、更充实的人，因拥有友谊及快乐而更加充实。

　　微笑可以改变我们的面貌，让我们到处受到欢迎。当我们微笑的时候，我们的精神状态最为轻松，心理状态也就相对地稳定；充满着善意的微笑能够让对方感受到我们的亲切和喜悦，受到快乐情绪的感染，自然而然地，我们就赢得了更多的朋友和快乐。

幸福就像星星一样

泰戈尔说："幸福就像星星一样，黑暗是遮不住它们的，总会有空隙可寻。"

安娜两周来一直吃着不涂黄油的烤面包片，而且冒着严寒在公园各处慢跑，然后她爬上浴室的磅秤，指针依然停在锻炼前所指的数字上。她感到这跟她近来的所有遭遇一样给她以打击，她觉得自己是命中注定永远不会幸福的。

她在穿衣服时，对着紧绷绷的牛仔裤紧皱眉头，这时却在裤兜里发现20块钱。接着她姐姐打来电话说了件趣事。正当她急急忙忙向车子跑去，为还得加汽油而恼怒不已时，却发现室友已经替她加满了油箱。而安娜却仍然自认为永远是一位不会幸福的女人。

每天我们似乎都被有关幸福的公众心理咨询所包围。有个

残酷无情的论点是，有某种东西是我们为了争取幸福应该去做的——做出正确的抉择，或者说对自己有一套正确的信念。

你也许不会说昨天是一个幸福的日子，因为你和同事发生了误会。但是，难道就没有幸福的时刻、安详宁静的时刻？那么你想一想，有没有收到过老朋友的来信，或者，有没有陌生人问你这么漂亮的发式在哪做的？你记得过了一个不愉快的日子，但也不要忘记那美好的时刻也曾经降临过。

幸福就像一位和蔼可亲、带有异国情调的来串门的老朋友，它在你最料想不到的时刻来临，阔绰地请你喝酒，酒过一巡后翩然离去，留下一丝栀子的清香。你不可能命令它来临，只能在它出现时欣赏它。你也不可能强求幸福的到来，但当它降临时，你肯定能够感觉到。

当你带着满脑子的问题，走在回家的路上时，竭力留心太阳怎样把城市的窗户点着了"火"。倾听在渐暗的暮色里嬉戏的孩子们的喊叫声，你就会感到精神振奋，仅仅就因为你留心了。

幸福无处不在，关键在于你如何去发现，幸福是在擦拭百叶窗时聆听一曲咏叹调，或者是愉快地花一个小时整理壁橱。幸福是一家团聚，共进晚餐。它存在于现实，而不是未来时日的遥远期望。我们如果能钟情于正在经历的生活，就会感到更加幸运，并且会体验到更多的幸福。

幸福是要靠自己来把握和创造的，关键在于我们要有一颗善于感悟的心灵。不会欣赏每日的生活是我们最大的悲哀。其实，我们不必费心地四处寻找或整日抱怨，关注和感谢我们所拥有的一切，你会发现，幸福就在我们的身边。

不要为打翻的牛奶哭泣

艾伦·桑德斯十几岁的时候，经常会为很多事情发愁。他常常为自己犯过的错误自怨自艾；交完考试卷以后，常常会半夜里睡不着，咬着自己的指甲，怕自己没办法考及格；他老是在想着做过的那些事情，希望当初没有这样做；老是在想自己说过的那些话，希望自己当时把那些话说得更好。

有一天早上，桑德斯全班的同学都到了科学实验室。老师保罗·布兰德威尔博士把一瓶牛奶放在桌子边上。学生们都坐了下来，望着那瓶牛奶，不知道那跟这节生理卫生课有什么关系。然后，保罗·布兰德威尔博士突然站了起来，一掌把那瓶牛奶打碎在水槽里——一面大声叫道："不要为打翻的牛奶而哭泣。"

突然，老师叫所有的人都到水槽边去，好好地看看那瓶打碎的牛奶。"好好地看一看，"老师说，"因为我要你们这一辈子都记住这一课，这瓶牛奶已经没有了——你们可以看到它都漏光了，无论你怎么着急，怎么抱怨，都没有办法再救回一滴。只要先用一点思想，先加以预防，那瓶牛奶就可以保住。

可是现在已经太迟了——我们现在所能做到的，只是把它忘掉。丢开这件事情，只注意下一件事。"

这次小小的表演，在桑德斯忘了他所学到的几何和拉丁文以后很久都还让他记得。事实上，这件事在实际生活中所教给他的，比他在高中读了那么多年书所学到的任何东西都好。它说明了一个道理，只要可能的话，就不要打翻牛奶，万一牛奶打翻、整个漏光的时候，就要彻底把这件事情给忘掉。

失去的就已经永远地离开了，即便你悲伤也好，忧郁也好，它也不会再回来了，与其花时间和精力沉浸在往日的失去中，莫不如走出忧郁，高高兴兴地去面对未来，迎接每一个崭新的日子，因为有未来就有希望，错过了昨天，你还会收获今天和明天。

丢掉让自己情绪变坏的包袱

有些人仅仅因为打翻了一杯牛奶或轮胎漏气就神情沮丧，失去控制。这不值得，甚至有些愚蠢，但这种事不是天天在我们身边发生吗？这里有一个美国旅行者在苏格兰北部过节的故事。这个人问一位坐在墙上的老人："明天天气怎么样？"老人看也没看天空就回答说："是我喜欢的天气。"旅行者又问："会出太阳吗?""我不知道。"他回答道。"那么,会下雨吗?""我不想知道。"这时旅行者已经完全被搞糊涂了。"好吧,"他说,"如果是你喜欢的那种天气的话,那会是什么天气呢?"老人看着美国人,说:"很久以前我就知道我没法控制天气了,所以不管天气怎样,我都会喜欢。"

由此可见,别为你无法控制的事情烦恼,你有能力决定自己对事件的态度。如果你不控制它们,它们就会控制你。

所以别把牛奶洒了当作生死大事来对待,也别为一只瘪了的轮胎苦恼万分。既然已经发生了,就当它们是你的挫折。但它们只是小挫折,每个人都会遇到,你对待它们的态度才是重要的。不管此时你想取得什么样的成绩,不管是创建公司还是为好友准备一顿简单的晚餐,事情都有可能会被弄砸。如果面包放错了位置,如果你失去一次升职的机会,预先把它们考虑在内吧。否则的话,它会毁了你取胜的信心。当你遭遇了挫折,就当是付了一次学费好了。

1985 年,17 岁的鲍里斯·贝克作为非种子选手赢得了温布尔登网球公开赛冠军,震惊了世界。一年以后他卷土重来,成功卫冕。又过了一年,在一场室外比赛中,19 岁的他在第二轮输给了名不见经传的对手,被杀出局。在后来的新闻发布会上人们问他有何感受,他以在他那个年龄少有的机智答道:"你们看,没人死去——我只不过输了一场网球赛而已。"

他的看法是正确的:这只不过是场比赛。当然,这是温布

尔登网球公开赛；当然，奖金很丰厚。但这不是生死攸关的事。

如果你发生了不幸的事——爱情受阻，或生意不好，或者是银行突然要你还贷款——你就能够——如果你愿意的话，用这个经验来应付它们。你可以把它们记在心里，就好像带着一件没用的行李。但如果你真要保留这些不快的回忆，记住它们带给你的痛苦感情，并让它们影响你的自我意识的话，你就会阻碍自己的发展。选择权在你自己：只把坏事当作经验教训，把它抛在脑后吧。换句话说，丢掉让自己情绪变坏的包袱。

选择了宽容，便赢得了幸福

老子曰："江海所以能为百谷王者，以其善下之，故能为百谷王。是以圣人欲上民，必以言下之；欲先民，必以身后之。是以圣人处上而民不重；处前而民不害。是以天下乐推而不厌。以其不争，故天下莫能与之争。"

江海之所以能汇集众多溪流成为百谷之王，是因为它善于处在溪谷的下游，因此能汇总溪流成为百谷之王。所以，圣人想要处在百姓之上成为统治者，必须用言语对百姓表示谦下；想要处在百姓之前成为领导者，必须把自身利益放在百姓

62

之后。

海纳百川，有容乃大。要想拥有百川的事业和辉煌，首先要拥有容得下百川的心胸和气量。

一个满怀失望的年轻人，千里迢迢来到一位知名画家的家中，对画家说："我一心一意要学丹青，但至今没能找到一个能令我心满意足的老师。"

画家笑笑问："你走南闯北十几年，真没能找到一个自己的老师吗？"年轻人深深叹了口气说："许多人都是徒有虚名啊，我见过他们的画，有的画技甚至还不如我呢！"画家听了，淡淡一笑说："我收集了一些名家精品，既然你的画技不比那些名家逊色，就烦请你为我留下一幅墨宝吧。"说完，便拿来了笔墨砚和一沓宣纸。

画家接着说："我的最大嗜好，就是爱品茗饮茶，尤其喜爱那些造型流畅的古朴茶具。你可否为我画一个茶杯和一个茶壶？"年轻人听了，说："这还不容易？"于是调好了砚墨，铺开宣纸，寥寥数笔，就画出一个倾斜的水壶和一个造型典雅的茶杯。那水壶的壶嘴正徐徐吐出一脉茶水来，注入到了那茶杯中去。年轻人问画家："这幅画您满意吗？"

画家微微一笑，摇了摇头。

画家说："你画得确实不错，只是把茶壶和茶杯放错位置了。应该是茶杯在上，茶壶在下呀。"年轻人听了，笑道："您为何如此糊涂，哪有茶壶往茶杯里注水，而茶杯在上茶壶在下

的?"画家听了又微微一笑说:"原来你懂得这个道理啊!你渴望自己的杯子里能注入那些丹青高手的香茗,但你总把自己的杯子放得比那些茶壶还要高,香茗怎么能注入你的杯子里呢?涧谷把自己放低,才能吸纳融会百川,呈现汹涌之势啊。"

我们需要学会宽容,"容人须学海,十分满尚纳百川",懂得宽容待人的好处。宽容待人,就是在心理上接纳别人,尊重别人的处世原则,理解别人的处世方法。我们要接受别人的长处,同时,也要接受别人的短处、缺点与错误。只有这样,我们才能真正地和平相处。

宽容代表着一个美好的心性,也是最需要加强的美德之一。俗语讲,眉间放一"宽"字,自己轻松自在,别人也舒服自然。宽容是一种豁达的风范,也许只有拥有一颗宽容的心,才能面对自己的人生。

宽容就是在别人和自己意见不一致时也不要勉强。因为任何的想法都有其来由,任何的动机都有一定的诱因。了解了对方的想法,找到他们意见提出的基础,就能够设身处地地接受对方的心理。

正所谓"退一步,海阔天空;忍一时,风平浪静"。宽容就是事情过了就算了,从不去斤斤计较。每个人都有犯错的时候,如果执着于过去的错误,就会不信任、耿耿于怀、放不开,并且限制了自己的思维,也限制了对方的发展。即使是背叛,也并非不可容忍。能够承受背叛的人才是最坚强的人,也将以他坚强的心志占据主动，以其威严更能够给人以信心、动力，因而更能够防止或减少背叛。

宽容是一种幸福。我们在饶恕别人的同时，给了别人机会，也取得了别人的信任和尊敬。所以说，宽容是一种看不见的幸福。

宽容更是一种财富。拥有宽容，就拥有了一颗善良而真诚的心。这是易于拥有的一笔财富，它在时间推移中升值，它会把精神转化为物质。选择了宽容，便赢得了财富。

因此，只要用一种比大海还要宽广的胸怀去对待人生、对待他人，生活就会变得更精彩。

不要对任何人产生怨恨之心

林肯说过："不要对任何人产生怨恨之心，要将慈善之心广布于天下。"

作为一个人，一定要保持一颗慈爱的心，除去那些怨恨别人的想法。因为憎恨别人对自己是一种很大的损失。恶口永远不要出自于我们的口中，不管他有多坏、有多恶。你越骂他，你的心就被污染了，你要想，他就是你的善。虽然我们不能改变周遭的世界，我们就只好改变自己，用慈悲心和智慧心来面

对这一切。拥有一颗无私的爱心，便拥有了一切。根本不必回头去看咒骂你的人是谁？如果有一条疯狗咬你一口，难道你也要趴下去反咬它一口吗？

社会是人与人组成的，因此，谁都不可以孤立地生活在这个世界上。在生活中，我们很难避免与他人之间发生摩擦，或者是产生不愉快的冲突，尤其是当你感受到自己遭遇到不公平的待遇的时候，你是否会对他人产生敌意呢？你是否会因此而在心里对他人怀有怨恨之心呢？

首先可以肯定地说，当你受到了真正的不公平的待遇的时候，你完全有理由怨恨他人，因为你是真的受了委屈。可是，请你冷静地想一想，当你在怨恨他人的时候，你自己从中又得到了什么呢？事实上，你所得到的只能是更深的伤害。

你的怨恨对他人不起任何作用，反而是你自己内心里的怨恨影响了你自身的健康，因为你的怨愤态度使你产生了消极情绪，这消极情绪对你的健康和性情都会产生很大的负效应，从而对你造成伤害。更为严重的是，你总是想着自己受到了不公平的待遇，总是因此而极不愉快，从而也就会招致更多的不愉快。

想想看，你是否有必要改变自己的态度呢？你要知道，我们所受到的不公，仅仅是因为我们的心理有所欲求。如果我们不看重自己心理上的这份欲求，或者把这份欲求看得很淡，那么不公又从何而起呢？

当然，除非有特殊的原因，你不必与那些与你之间存在着

66

嫌隙的人表现友好，但是，如果你不愿意原谅和学会遗忘，那么你也就否认了你自己是一个真正的受害者。这样一来，你对他人的怨愤也就会因此而升级，你自己所受到的伤害也同样会由此而升级。

一只脚踩扁了紫罗兰，它却把香味留在那脚上，这就是宽恕。

我们常在自己的脑海里预设了一些规定，认为别人应该有什么样的行为。如果对方违反规定，就会引起我们的怨恨。其实，因为别人对"我们"的规定置之不理，就感到怨恨，不是很可笑吗？

大多数人都一直以为，只要我们不原谅对方，就可以让对方得到一些教训。也就是说："只要我不原谅你，你就没有好日子过。"其实，倒霉的人是我们自己：一肚子窝囊气，甚至连觉也睡不好。

当你觉得怨恨一个人时，请先闭上眼睛，体会一下自己的感觉，感受一下自己身体的反应，你就会发现：让别人自觉有罪，你也不会快乐。

一个人爱怎么做就怎么做，能明白什么道理就明白什么道理。你要不要让他感到愧疚，对他差别不大，但是却会破坏你的生活。假如鸟儿在你的头上排泄，你会痛恨鸟儿吗？万事不由人，台风带来暴雨，你家地下室变成一片沼国，你能说"我永远也不原谅天气"吗？既然如此，又何必要怨恨别人呢？我们没有权力去控制鸟儿和风雨，也同样无权控制他人。老天爷

不是靠怪罪人类来运作世界的，所有对别人的埋怨、责备都是人类自己造出来的。

即使遭逢巨变所引起的怨恨，在人性中也依然可以释怀。因为如果你希望自己好好活下去，就得抛开愤怒，原谅对方。

悲痛和愤怒中的人大致可以分为两种：第一种人始终生活在愤怒及痛苦的阴影下；第二种人却能得到超乎常人的同情心。

令人心碎的事，例如大病、孤独和绝望，在人的一生中都难以幸免。失去珍贵的东西之后，总有一段时间会伤心、绝望。问题是，你最后到底变得更坚强呢，还是更软弱？

宽恕、忘记对他人的怨愤之心，这是一个智者的做法。

事实上，忘记你所受到的不公，忘记对他人的怨愤，最终最大的受益者只能是你自己。当你忘记了怨愤，学会了遗忘和原谅，你就会发现，原来你所认为的那些所谓的不公，其实根本不值一提，因为它们在你的一生之中，是那么的微不足道。而你也同时会认识到，抛开对他人的怨愤之心，你所获得的快乐是你这一生都享受不尽的。

学会宽恕而不怨愤，这是我们具备的最重要的美德之一。

忘记对他人的怨愤之心，这是一个智者的做法。如果你还没有学会遗忘和原谅，那么从现在开始，你就应该要求自己，甚至可以强迫自己，不要怨恨别人。

第三篇

有欲则无刚，舍弃过分的欲望

做自己的"精神教父"

　　随着松下电器风靡全球，松下幸之助也被誉为"经营之神"。其实，松下是人并不是神。创业之初，松下时常被商务上的各种困难和矛盾所困扰，难以自拔，加上体弱多病，神经衰弱，身心疲惫，烦躁不安。就在松下临近不惑之年时，遇上了"精神教父"加藤大观先生，松下从此拥有了心灵和精神上的支撑。

　　加藤先生是佛教真言宗和尚，从小在真言宗寺庙长大。他30岁时大病一场，3年不能站立，病愈后，他自认是靠佛的力量战胜病魔的，自此皈依真言宗，获得度牒。加藤并不长住寺院，他常给企业当参谋、做顾问。

　　松下与加藤两人真是有缘，一个视之为"精神教父"，一个认定为根器不劣的弟子。有一次，两人同室而居。一大早，松下告诉加藤先生，自己总是失眠。加藤对松下说："失眠是痛苦的。虽然我已70岁了，但一躺下去就呼呼大睡。你有大事业却心烦意乱，我两袖清风却心静气和，那说到底谁才是人生的成功者呢？"加藤劝松下应节制欲念，修身养性，提炼理念。当时，松下浑浑噩噩，似懂非懂。加藤则不失时机地说教，将东方先哲的至理名言："无欲则刚""无为而无不为""虚怀若谷，心旷似海""淡泊以明志，宁静以致远"化作甘露般流入了松下干枯的心田。在加藤的启蒙点化下，松下长期修炼，在他的后半生里，不仅事业蒸蒸日上，而且生命之树常青。他一反年轻时代那种对生命所持的悲观态度，转向豁达、乐观、向上，甚至期望做一个跨越 20 世纪的人。松下于 1989 年与世长辞，享年 96 岁。

松下一生福禄双收。他成功的因素也是多方面的，其中与受加藤先生的指教、点拨密切相关。每当松下遇到挫折和烦恼，常会向加藤先生叙说、求教。但加藤先生极少向松下提供具体措施和方案，总是给他讲人生哲理、处世哲学，提供精神力量，使之有所傍依，使他从繁杂的商务涡流中摆脱出来，从另一个角度，另一个方法重新思考再做判断。松下曾说："一个将军要赢得最后的胜利，除了千军万马，最重要的还得有个军师。而加藤先生便是我最重要的参谋。"更确切地说，加藤更多的是其精神上的教父、心灵上的依托。

松下把加藤先生敬若神明。同时，他也从实践中认识到：世上并没有神，只有富有远见的智慧之人。精神上的贫穷、空虚要比物质上的贫乏、短缺更可怕、更危险。真正的智慧应该学会随时反观自身，每天都放弃一个过去的我，每天都让一个全新的我诞生。

学会适时地放弃

　　如风来自农村，在他高中毕业的时候，家里的积蓄已经不多，为了不让家里的负担更重，进了大学，他就申请了助学贷款。还在大学里就读的他在一家房地产公司兼职，通过努力工作，他逐渐从一个普通的业务员做到了店面经理。学习与工作的压力让他感到身心疲惫。这个时候，一个女孩走入了他的视线。她坦诚率直的个性深深地吸引了如风，他们无所不谈，如风向她诉说自己在工作与学习中的烦恼，她总能够安慰并且鼓励如风，这也使得如风心里的阴霾一扫而光。随着一天天的交往，聊天的内容也超越了普通朋友的范围，后来他们确立了恋爱关系。

　　快过春节的时候，女孩因家里逼婚，跑了出来。如风让她和自己一起回家过春节，女孩同意了。他们一起回到了如风贫困的老家。女孩自小生活优越，被家人当千金大小姐般疼着护着，可她并没有大小姐的脾气。她喜欢吃辣，如风家几乎不沾辣，她对此从不抱怨，别人问起时她总说好吃。看到家里的一些与她生活习惯不合的地方，她从不皱一下眉头。如风的家人都喜欢她，并且认同她。父亲嘱咐如风要好好对待女孩，并告诚他说，如果失去了她将是如风一辈子的损失。

回到城市之后，他们住在了一起。如风虽然毕业了，但他还在那家公司上班。他去上班，女孩就在家里做好饭等他回来。每次下班回来，一上楼，她就会出现在楼梯口，微笑着看如风。后来，如风工作得很拼命，工作占据了他的大部分时间与精力，有些顾不上女孩。他害怕过那种没有钱的贫困生活，他想通过自己的努力让家人过上好日子。

这个时候，女孩怀孕了，如风觉得自己还那么年轻，事业才刚刚起步，无论是金钱还是精力上都负担不起这个孩子。在他的劝说下，女孩最终同意打掉孩子。女孩一个人在一个偏僻的医院里，把孩子做掉了，这个时候，如风为了能赚足够多的钱开了一家属于自己的公司，他更加忙碌了。在女孩最脆弱、最需要他的时候，他却没有陪在她的身旁，这种伤害也许比身体上的伤害来得更加强烈，也更加持久。

女孩因为孩子的事情恨如风，最终离如风而去。如风现在拥有了自己的房地产公司，虽然现在已经步入正轨，业绩也越来越好，但自从女孩走后，他做什么都提不起精神，觉得所做的一切都不再有意义了。他想要离开自己所在的城市，到一个新的环境里开始新的生活。

故事说到这里，不知你看过之后有何感触：如风拥有了自己一直以来渴望得到的金钱，在追求金钱的道路上，他失去了自己的爱人。现在他有钱了，可心底里的那份深深的内疚与自

责恐怕会伴随他一生。如果当初对待金钱，他能够拿得起放得下一点，不是那么强烈地想要有钱，多花些精力在爱人身上，结果就会有所不同。有些时候放弃金钱也是另外一种获得，比方如风，他就会获得爱情，或许他不会有很多钱，但是，相信他会比现在开心快乐很多。

学会放弃，相信在生活中很多地方都将获益匪浅，面对金钱，我们要有拿得起放得下的达观。相信有时候放弃金钱也是另外一种获得，我们就会得到健康，获得爱情，获得一份快乐生活的心情。

不要成为欲望的奴隶

曾经有一个小村庄，由于外敌侵略，人们都纷纷离开家乡去逃难。

他们逃到河边，挤到仅有的一条小船上，刚要开船，岸边又来了一个人。他不断挥手，要求把他带上，船家说：

"船马上就要超载了，你得把你背的那个大包袱扔掉，不然会把船压沉的。"

那人犹豫不决，因为他背的都是非常重要的东西。

船家说："谁又没有舍不得扔的重要东西呢？可是他们都

扔掉了，如果不扔，船早就压沉了。"

那人还是下不了决心。

船家又说："你想想看，到底是人重要还是包袱重要？这一船人重要还是你一个人重要？你总不能让这一船人都为你的包袱提心吊胆吧？"

事情就是这样简单，无论面临多么艰难的处境，你都要把包袱扔掉，因为它虽然只属于你一个人，但是，由于你背着它不肯放下，会有整整一船人都感受到它的巨大压力，甚至为此付出代价。

我们常说一个人要拿得起，放得下。而在付诸行动时，拿得起容易，放得下却很难。在现实生活中，该放下却放不下的事情实在太多了。比如子女升学，家长的心就首先放不下；又比如老公升官了或者发财了，老婆也会忐忑不安放不下心，怕男人有钱变坏了；再比如遇到挫折、失落，或者因说错话、做错事受到上级和同事指责，以及好心被人误解受到委屈时，心里就会总有个结解不开，放不下，等等，甚至有些人会因此心事不断，愁肠百结。长此以往势必产生心理疲劳，乃至发展为心理障碍。

许多的事情，总是在经历过以后才会懂得。人生需要学会卸下种种包袱，轻装上阵，渡过风风雨雨的难关，安然地等待生活的转机。其实，生活并不需要那些无谓的执着，学会割舍，才不会成为欲望的奴隶。

对诱惑要有点免疫

　　春秋战国时期，鲁国的大臣公仪休，是一个嗜鱼如命的人。他被升任宰相以后，鲁国各地有许多人争着给公仪休送鱼。可是，公仪休却正眼不看，并命令管事人员不准接受。

　　他的弟弟看到这么多从四面八方精选来的活鱼都被退了回去，很是不解，就问他道："兄长最喜欢吃鱼，现在却一条也不接受，为何？"

　　"正因为我爱吃鱼，所以才不接受这些人送的鱼。"公仪休很严肃地对弟弟说，"你以为这帮人是喜欢我、爱护我吗？不是。他们喜欢的是我手中的权力，希望我运用权力去偏袒他们、压制别人，为他们办事。吃了人家的鱼，必然要给送鱼的人办事，执法必然有不公正的地方，不公正的事做多了，天长日久哪能瞒得住人？宰相的官位就会被人撤掉。到那时，不管我多想吃鱼，他们也不会给我送来了，我也没有薪俸买鱼了。现在不接受他们的鱼，公公正正地办事，才能长久地吃鱼。靠人不如靠己呀。"

　　有一次，一个不知名的人偷偷往他家中送了一些鱼，他无法退回，就把鱼挂到家门口，直到几天后鱼变得臭不可闻才把它们扔掉，从那以后，再也没有人敢给他送鱼了。

生活中充满了种种诱惑，在诱惑面前我们也应当把握住自己不合理的欲望，适当放弃，对不应得到的利益不存非分之想，才是明智的作为。

吃亏有时也是福

有个做沙石生意的老板，文化程度不高，也绝对没有背景，但生意却出奇地好，而且历经多年，长盛不衰。说起来他的秘诀也很简单，就是与每个合作者分利的时候，他都只拿小头，把大头让给对方。

如此一来，凡是与他合作过一次的人，都愿意与他继续合作，而且还会介绍一些朋友，再扩大到朋友的朋友，这些人最后都成了他的客户。人人都说他好，因为他只拿小头，但把从所有人那里拿来的小头加起来，就成了最大的大头，他才是真正的赢家！

吃亏是福，因为人都有趋利的本性，你吃点儿亏，让别人得利，就能最大限度地调动别人的积极性，从而使你的事业兴

旺发达。

但现实生活中，能够主动吃亏的人实在太少，这并不仅仅因为人性的弱点，很难拒绝摆在面前本来就该你拿的那一份，也不仅仅因为大多数人缺乏高瞻远瞩的战略眼光，不能舍眼前小利而争取长远大利。能不能主动吃亏，实在还和实力有关，因为吃亏以后利润毕竟少了，而开支依然存在，就很可能出现亏空。如果你所吃的亏能够很快获得报答那还挺得住；反之，吃亏就等于放血，对体弱多病的人来说，可能致命。

曾经重组国嘉实业达到借壳上市的北京和德集团，借壳之前是个传统的进出口公司，从 1994 年开始，短短三四年间，资产从 3 个亿发展到 30 个亿，主要就是靠鱼粉进出口生意。鼎盛时期的和德，是世界上做进出口鱼粉贸易公司中最大的企业，在国内的市场份额达到了 85% 的垄断地位。

它为什么能有这样的规模？价格是关键！和德的报价永远是同行业中最低的，它出售的鱼粉每吨销售价比进价要低 100 元左右。

这样的生意岂不是越做越赔？其实不然。一方面，和德要求所有的买家在签订购买合同的同时预先支付 40% ~ 50% 的订金，合同一般都是 3 个月以上的远期合同。这样，就有 50% 的货款至少提前 90 天进入和德的账户，然后在国外出口商发出装船通知单之后支付另外 50% 的货款。在将近 30 天的行船时间内，和德就可以白白占用大量资金；另一方面，由于和德在业内的绝对垄断地位，使得它的信用很高，又可以在不具备任何抵押的情况下获得 180 天的信用证额度。两者相加，和德在一年至少有半年的时间可以有大量的资金在账。

有了钱就好办事，仅仅是用这部分资金进行一级市场上的新股认购，20%甚至更高的投资收益率就完全可以弥补在鱼粉贸易中的损失。至于账面上的亏损而省掉的税金，还有大量的货物贸易使它在与保险公司、银行、码头等方面谈判时占据的优势，则更是外人看不到的。

和德的董事长毕福君，后来虽然因为盲目进军高科技而落败，但在饲料进出口方面却算得上是英雄，用他的话来说："经商其实很简单，就是三个字——卖！卖！卖！"

大量的销售才能保证大量的现金流量，而大量销售的秘诀就是让利。

吃亏是福，吃小亏占大便宜。但是吃亏也是需要技巧的，会吃亏的人，亏吃在明处，便宜占在暗处，让你被占了便宜还感激不尽，这也是一个很高明的智慧。

墨西哥渔夫的追求

在墨西哥海岸边，有一个美国商人坐在一个小渔村的码头上，看着一个墨西哥渔夫划着一艘小船靠岸，小船上有好几尾大黄鳍鲔鱼。这个美国商人对墨西哥渔夫抓这么高档的鱼恭维了一番，问他要多少时间才能抓这么多？

墨西哥渔夫说："才一会儿工夫就抓到了。"

美国人再问："你为什么不待久一点，好多抓一些鱼？"

墨西哥渔夫觉得不以为然："这些鱼已经足够我一家人生活所需啦！"

美国人又问："那么你一天剩下那么多时间都在干什么？"

墨西哥渔夫解释："我呀，我每天睡到自然醒，出海抓几条鱼，回来后跟孩子们玩一玩，再跟老婆睡个午觉，黄昏时晃到村子里喝点小酒，跟哥们儿玩玩吉他，我的日子过得可美满又忙碌呢！"

美国商人对他的做法不以为然，帮他出主意，他说："我是美国哈佛大学企管硕士，我倒是可以帮你忙！你应该每天多花一些时间去抓鱼，到时候你就有钱去买条大一点的船。自然你就可以抓更多鱼，再买更多渔船。然后你就可以拥有一个渔船队。到时候你就不必把鱼卖给鱼贩子，而是直接卖给加工厂。或者你可以自己开一家罐头工厂。如此你就可以控制整个生产、加工处理和行销。然后你可以离开这个小渔村，搬到墨西哥城，再搬到洛杉矶，最后到纽约。在那里经营你不断扩充的企业。"

墨西哥渔夫问："这要花多少时间呢？"

美国人回答："15 年到 20 年。"

墨西哥渔夫问："然后呢？"

美国人大笑着说："然后你就可以在家当皇帝啦！时机一到，你就可以宣布股票上市，把你的公司股份卖给投资大众。到时候你就发啦！你可以几亿几亿地赚！"

墨西哥渔夫问："然后呢？"

美国人说："到那个时候你就可以退休啦！你可以搬到海边的小渔村去住。每天睡到自然醒，出海随便抓几条鱼，跟孩子们玩一玩，再跟老婆睡个午觉，黄昏时，晃到村子里喝点小酒，跟哥们儿玩玩吉他。"

墨西哥渔夫说："我现在不是已经这样了吗？"

一生中拥有的内容太多太乱，使心思复杂，无形中增加了很多压力，困惑随之增多，也就妨碍了正常的生活，也损害了自己。

如果在一生中要有所获得，就不能让诱惑自己的东西太

杂太多，心灵里累积的烦恼太乱杂，努力的方向就会过于杂乱。我们必须简化自己的人生，要经常地有所放弃，要学习经常否定自己，把自己的生活中和内心里的一些东西断然放弃掉。

如果我们永远凭着过去生活的惯性，日常世故的经验，固守已经获得的功名利禄，为了进一步的权钱职位、风头利益去争夺，什么样的生活方式都让我们眼花缭乱。那么，我们就会疲于应付，把很多时间和精力都花在无谓的纷争和无穷的耗费上，不仅自己的正常发展受到限制，甚至迷失自己的方向。

林语堂的半半人生

林语堂深受儒家学派思想的影响，特别是孔子，所以林语堂对中庸思想推崇备至，他说："我像所有的中国人一样，相信中庸之道。"林语堂还非常喜欢清代李模（密庵）那首《半字歌》，认为它最好地反映了自己的人生理想。这首《半字歌》写道："看破浮生过半，半之受用无边。半中岁月尽幽闲，半里乾坤宽展。半郭半乡村舍，半山半水田园。半耕半读半经廛，半士半民姻眷。半雅半粗器具，半华半实庭轩。衾裳半素半轻鲜，肴馔半丰半俭。童仆半能半拙，妻儿半朴半贤。心情半佛半神仙，姓字半藏半显。一半还之天地，让将一半人间。半思后代与沧田，半想阎罗怎见。饮酒半酣正好，花开半吐偏妍。帆张半扇免翻颠，马放半缰稳便。半少却饶滋味，半多反厌纠缠。百年苦乐半相参，会占便宜只半。"这是对中庸哲学的形象阐释，它将天地人生的种种现象与关系写得绘声绘色，一览无余，其中在对天地万物的悲悯中又有着达观超然的人间情怀。没有对世界、人生的本质性理解，如何能深刻、透彻以至于此。作者也将天地间的冷暖、得失、出入、是非、进退、悲欢描述得更是入木三分。

基于这一半半哲学思想，林语堂反对过于努力工作和过于慵懒闲适的生活态度，而提出了工作和休闲相结合的生活方式，那就是努力工作和尽情享受生活。他说："我主张'尽力工作尽情作乐'的人，英文只有 work hard，play hard 四字，这样才得生活之调剂，无意中得不少收获。"林语堂本人即是这一生活原则的实行者，一方面他笔耕不辍，直到77 岁还没有放下手中之笔，他平均每年写一本书，《生活的艺术》这本书，林语堂仅用了 3 个月时间就写出 700 多页，用他自己的话说就是："那时的写作真如文王被囚一样，一步也不能离开。"如果用"拼命三郎"来概括林语堂的写作也不为过。但另一方面，林语堂又非常注意休闲和享受，他常去户外散步，去郊外垂钓，去名山大川自由自在地游憩，他常在物质和精神两个方面体会生活的美好及其快乐，以诗

意的情怀理解生活中的一切。晚年定居台湾地区的阳明山，那里的山水风光、田园美景即是林语堂充分享受人生快乐的最好注释。在没来之前，林语堂有感于美国人长于进取和工作，却拙于享受的特点，并向美国读者介绍了《乐隐词》二首，其一的内容是："短短横墙/矮矮疏窗/椏楂儿小小池塘/高低叠嶂/绿水旁边/也有些风/有些月/有些凉。"其二的内容是："懒散无拘/此等何如/倚阑干临水观鱼/风花雪月/盈得工夫/好炷些香/说些话/读些书。"在《个人的梦》里，林语堂更是心态悠闲余裕地说，假使他能得一个月的悠闲，度一个月悠闲的生活，他可以立即放下手中之笔，睡 48 小时大觉，换上便服，带一鱼竿，携一本《醒世姻缘》，一本《七侠五义》，一本《海上花》，此外行杖一支，雪茄 5 盒，到一世外桃源，暂做葛天遗民，领现在可行之乐，补平生未读之书。这是充分理解了闲适和享受真义之后的人生理想方式。在林语堂笔下，他所崇拜的陈芸和姚木兰也是这样：她们知足常乐，对生活所求不多，平淡悠闲的田园生活最令她们感到惬意，即使是布衣菜饭，也自乐其中。林语堂认为还是张潮说得好，能闲人之所忙，然后能忙人之所闲。

其实，人生中存在着多个矛盾体，对每个矛盾体都应采取一种"半半哲学"的调和方法。因为人生永远有两个方面，工作与消遣、事业与游戏、应酬与燕居、守礼与陶情、拘泥与放逸、谨慎与潇洒。其原因就在于人之心灵总是一张一弛，若海之有潮汐，音之有节奏，天之有晴雨，时之有寒暑，日之有晦明。

　　林语堂将"半半哲学"运用到人生上，也为自己找到了一个有力的支点。他说："我们承认世间非有几个超人——改变历史进化的探险家、征服者、大发明家、大总统、英雄——不可，但是最快乐的人还是那个中等阶级者，所赚的钱足以维持独立的生活，曾替人群做过一点点事情，可是不多；在社会上稍具名誉，可是不太显著。只有在这种环境之下，名字半隐半显，经济适度宽裕，生活逍遥自在，而不完全无忧无虑的那个时候，人类的精神才是最为快乐的，才是最成功的。"（《谁最会享受人生》）这里所提到人生成败得失的问题，也涉及人生的最终目的问题，也可以这样说是将人生的欢乐删除掉而一味追求所谓的创造，还是在创造之余保有一颗快乐、幸福之心？因此，在生活中亦无所求，就没有忧虑。心态从容平静，精神饱满丰盈，生命充实内在，此种人生才值得一活。

　　人生苦短，最长命者亦不过百岁。以往我们的人生观可能比较注重不断地奋斗、获得，扼住命运的咽喉并与之抗争之精神，但却相对忽略了充分地体会人生，细细地咀嚼生命中的每一时刻。

　　《菜根谭》中有以下几句话：

　　花看半开，酒饮微醉，此中大有佳趣。

　　若至烂漫酕醄，便成恶境矣。履盈满者，宜思之。

　　凡事适可而止，欲念只求适度而已，不宜过火，太过犹如

这寓言是说：天地之间广大无比，而在此之中，人所需又如此的渺小，拿自己的所需与天地相比那不是很可怜吗？那么何不效法天地之自然，而求得心性的自由和逍遥呢。

任何人也不能做到如庄子所言无知无欲而达到超脱，但效法天地之自然浑成，而注意自我心性的保持，能够超然物质欲求之外，也许，倒亦是颇为有益的境界。

打开"头衔"的枷锁

几年前，马思尼自己创业当老板，年收入超过50万美元。不料，就在公司的业绩如日中天的时候，他突然决定把公司交给太太经营，自己则转到一家大企业上班，月薪骤减为6000美元。为此，太太一度无法谅解他："你们男人到底在想什么？"

马思尼透露，当时他的想法很简单：对方应允他可以拥有一间单独的办公室，旁边摆着一台音响，每天愉快地听着音乐工作，而这正是他一直最想过的日子。

马思尼并不想做大人物，所以，他也从不认为，男人就一定要当老板，有些事其实可以让给女人做。不过，他观察到大多数的男人好像都非得做个什么领导，觉得有个头衔才有面子。

有一回，他听到一位年轻的男同事要求升职，理由是："我的同学掏名片出来，个个都是领导，只有我不是，我都被他们比下去了！"

马思尼承认，男人的野心确实比女人大，而且，很多男人不能接受"你比我好，你比我强"，总觉得自己一定要赢过别人。

以前，他也有过同样的想法，到后来则发现这其实是"自己给自己的枷锁"。于是，他渐渐学会"欣赏"别人的成就，而不是处处跟别人比。"我跟别人比快乐！"他说，也许别人比他有钱，做的官比他大，但是，却比他活得辛苦，甚至还要赔上自己的健康和家庭。

马思尼说，他这辈子最想做的是当一名"义工"，虽然没有名片，也没有头衔，但却是一个非常快乐的人，"我希望能在50岁之前，完成这个心愿"。

马思尼相信，当他的男性朋友听到他的这番告白，免不了会说："你别恶心了！我简直要抱着垃圾桶吐！"那么，马思尼会不会因此而不自在呢？他回答得很潇洒："这种男人的话不必当真，就让他们去吐吧！"

马思尼卸下了"头衔"的枷锁，过得轻松快乐。他舍弃了过分的欲望，才能追求自己认为更有意义的人生。

不要为外物所拘

老子曾说："五色令人目盲；五音令人耳聋；五味令人口爽；驰骋畋猎，令人心发狂；难得之货，令人行妨。是以圣人为腹不为目，故去彼取此。"

五光十色的视觉感受，会让人眼花缭乱产生错觉；杂乱的靡靡之音听多了，听力会变得迟钝；丰美的饮食，使人味觉迟钝；纵情围猎，使人内心疯狂；珍稀的器物，使人行为失常。因此，有道的人只求安饱而不追逐声色之娱，所以摒弃物欲的诱惑而吸收有利于身心自由的东西。

老子的意思是说，如果一个人过分追求感官刺激，则会伤其身、乱其心。

一个人一旦被欲望缠上了身，他就难以得到安宁，时刻仿佛有大患在身，无论得宠还是受辱，在心理上都时时会处于惊恐之中。

人生历世，多一物多一心，少一物少一念，不要为外物所拘，心安理得处，就可明心见性。

如果有一个地方，能让我们心安，能让我们抛却浮躁，那不正是我们理想的栖息地吗？我们又何必刻意地去寻找呢？一片生机盎然的花圃，一座巍巍葱茏的大山，一场密密匝匝的雪花，一本泛着墨香的书卷，都可以成为我们自由的栖息地，都可以容纳我们放逐的心灵和漂泊的意志。

要想自由地栖居，耐得住寂寞，必须放得下繁华。如果心恋浮华，不舍喧嚣，是不会得到心灵的安顿的。这就好比一个人，终日汲汲于富贵，切切于名禄，桎梏于外物，他又怎么可能出离尘世而追寻幽独？又好比是一匹马，如果被拴上了车套，它只有一味地卖力奔驰，哪还会有机会停下来思索自己的生命呢？

要有自己自由的栖息地，就不要受拘于外物。因为外物总是短暂而容易腐朽的，只有生命的灵魂才是永恒。我们又怎能让短暂的腐朽来妨害对于永恒的生命的思索呢？

不拘于物是一门哲学，需要有大智慧，需要懂得放下。智慧会让我们生活得快乐充实；放下会让我们生活得轻松无羁。不要顾忌舍弃而拒绝简单的生活，那样的话，你将不堪重负，顾虑重重，心力交瘁，六神无主……

有的人对生命有太多的苛求，弄得自己生活在筋疲力尽之中，从没体味过幸福和欣慰的滋味，生命也因此局促匆忙，忧虑和恐惧时常伴随，一辈子实在是糟糕至极。须知月圆月亏皆有定数，岂是人力所能改变的？不如放下，给生命一份从容，给自己一片坦然。你要知道，错过了太阳，不是还有浩瀚的繁星在等待你吗？

人生一世，是不可能一帆风顺的。只有不拘外物，才会另

保持积极的心态

很早以前，伟大的棒球手泰卡普在世界棒球锦标赛中，一口气打出 4 个全垒打，目前他仍是这项世界纪录的保持者。后来他把那支伟大的球棒送给他的一位朋友。有一天，他朋友的朋友来做客，有幸拿起这支球棒，并以极端敬畏的心情摆出正式球赛挥棒的姿势，力图模仿他，当然那种打击的样子绝对无法与泰卡普相提并论。

不出所料，另一位职业棒球联盟的队员对他说："老兄，泰卡普可不是这种样子打球的，你太紧张了，一心想打出全垒最美的姿势，结果一定是惨遭失败出局的命运。"

的确，看过泰卡普比赛的人都知道，泰卡普轻松自若地在场上挥棒的姿势，绝对是美不胜收。他的人与球棒自然地结合为一体，以充满韵律的动作，诠释了从容的道理，令人震惊，那真称得上是世界上最美的舞蹈！

一位棒球队的监督，曾说过这样的话："不论选手的打击率多高、守备多强、跑垒速度多快，如果他心中存有过于强烈的紧张感，我就会考虑淘汰他。因为，若要成为大联盟的选手，本身必须有相当的能耐，每一个动作不但要正确，更要以从容轻松的心情控制肌肉的运动，这样所有的肌肉与细胞才会富有韵律与弹性，在瞬间而发的关键时刻，才可以随心所欲地接球或挥棒。如果心里非常紧张、无法镇定下来，连带着全身的肌肉也一定随之绷紧，一旦遇到重大场面，根本无法顺利地完成应有的动作。当对方的球抛过来时，他的全部神经已经为之紧缩，又怎么能打好棒球呢？"

他的一席话不仅仅是针对运动员而言，凡是优秀的人，如果都能以积极而从容的心态进行工作，他们的坚定和自信会不知不觉地调动起自身最大的潜能，并与工作融为一体。当然并不是人人都有泰卡普那样的幸运和机会，但是不要忘记：消极的人等待机会，而积极的人则创造机会。

遭遇挫折时要树立信心

张健是一个很有事业心的人，他在一家业务公司跟着老板一干就是5年，从一个普通员工一直做到了分公司的总经理职位。在这5年里，公司逐渐成为同行业中的佼佼者，张健也为公司付出了许多，他很希望通过自己的努力让企业发展得更快、更好。然而就在他兢兢业业拼命工作的时候，张健发现老板变了，变得不思进取、独断专行，对自己也渐渐地不信任，

自己的缺点。时时刻刻伴随着这种双重打击，怎么能够承受？又怎么能够成功呢？

自己是自己最大的敌人，战胜自己首先要有一个好心态。来自哈佛大学的一个关于成功就业的研究发现，一个人若得到一份自己喜爱的工作，85%取决于他的心态，而只有15%取决于他的智力和所知道的事实与数据。对每一个渴望振翅翱翔的人来说，好心态就是助他鹏程万里的那双翅膀。

有一个人在集市上卖气球，他有各种颜色的气球，红的、黄的、蓝的和绿的。每当买的人少的时候，他就放飞一个气球。当孩子们看到升上天空的气球如此漂亮的时候，他们都想买一个。这样，卖气球人的生意又好起来。这个人一直重复着这个过程，一天，他感到有人在拉他的衣服，他转过身来，只见一个可爱的小男孩在问他："如果你放开一个黑色的气球，它也会飞起来吗？"卖气球的人被这个男孩的专注所打动，和蔼地说："孩子，不是气球的颜色使它飞起来，使它飞起来的是里面的气体。"我们的生活也是如此。在生活中，是我们的内心世界在起作用，使我们不断进步的内部动力就是我们永远的优势之一。

积极的心态与消极的心态一样，都会对人产生一种作用力，两种力作用点相同，作用方向则相反，这一作用点就是你自己。要成为强者，你必须最大限度地发挥积极心态的力量，以抵消消极心态的反作用力。

　　既然心态是如此重要，干吗不让自己的心态积极一点呢？让自己保持积极的心态，认真投入、敬业地去做事情，不仅可以超越自我，发挥自己的潜能，而且还可以帮助我们跨越成功的障碍。在某些时候，一切条件似乎都对我们不利，此时要从心理上多发掘自己的优势，能够比别人多投入一些，更积极一些，再坚持一些，从不轻言放弃，成功就离你越来越近，你就会由弱者变为强者。

为你的对手喝彩

　　乔丹和皮蓬是一对征战多年的队友，两人在一起创造了无数的辉煌。有这么一个小故事，讲的是两人伟大的友谊。多年前的一场 NBA 决赛中，NBA 中的一位新秀皮蓬独得 33 分超过乔丹 3 分，成为公牛队比赛得分首次超过乔丹的球员。比赛结束后，乔丹与皮蓬紧紧地拥抱着，两人泪光闪闪。这里有一个乔丹和皮蓬之间鲜为人知的故事。当年乔丹在公牛队时，皮蓬是公牛队最有希望超越乔丹的新秀。他时常流露出一种对乔丹不屑一顾的神情，还经常说乔丹某方面不如自己，自己一定会把乔丹推倒之类的话。

当作残障者看待，而是用一切对待正常人的态度来与他相处。连这个孩子上小学时，拿破仑·希尔也力排众议，不让他进入特殊教育班级，坚持让他与一般的小朋友共同学习。

虽然拿破仑·希尔的一意孤行，的确造成了这个孩子在学习上的极大困难，但拿破仑·希尔用他的耐心克服了孩子学习上的障碍，他每天用加倍的时间来帮助孩子复习功课。终于使得孩子顺利地升上大学。

在大学中的岁月，是孩子一生中的最大转折点。一次试戴新型助听器，使这个孩子第一次听到清楚的声音。再加上父亲拿破仑·希尔从小到大不断地鼓励，这个孩子便勇敢地去找生产助听器的厂商，要求与其合作并改良助听器的品质，并且这孩子成为那家助听器厂商的代理人，从而帮助无数失聪的人重新获得了听力。

很多时候，你相信能，你就能。困难大多数都是人们自己想象出来的。没有行动，如何能知道前方的路是什么？怀着积极的心态，前方就是一片坦途。

孰能无错，改了就好

　　培根 1561 年出生在伦敦一个新贵族家庭。他从小聪慧，12 岁时便入剑桥大学读书。毕业后步入仕途，他曾经担任过英国驻法国大使馆工作人员，还当过律师，并在议会选举中当选为议员。

　　詹姆斯一世统治时期，培根官运亨通，青云直上，很是风光，曾先后数次担任宫廷显要职务；他还因为办事有才干，很得国王赏识，连续多次被授予贵族封号。可是正当他平步青云，春风得意之时，在 1621 年他却因贪污受贿罪，被英国高级法庭判决罚金 4 万英镑，并监禁于伦敦塔内。出狱后，他又被终生逐出朝廷，不得再担任任何官方职务，不得参与议会。

　　培根离开朝廷后，脱离政治生涯，开始专心从事著述。他提出了具有开创意义的经验认识原则和经验认识方法，还提出了著名的"要命令自然，就要服从自然""知识就是力量"等一系列对后人影响深远的口号。在他的一系列作品中，他将矛头直接指向经院哲学，在反对经院哲学的斗争中，他建立了自己的唯物主义经验论。培根在他的著作中强调要重视感性经验在认识中的作用，同时也认为感性认识与理性认识的结合是非

来为法比亚诺向法官求情，希望能减轻对法比亚诺的判决。他向法官陈述理由时说："他是不该锯掉'我'的手臂，但我不能忽视他锯掉手臂的原因，因为他要吃饭，要生存。我为自己的那双'手臂'能让他不至于挨饿而感到骄傲。现在我原谅了他，对他没有丝毫的怨恨。我们的城市里竟然有人为了不挨饿而采取这样危险的行动，应该引起我们每一个能吃饱饭的人反思，我们给予得太少了。他锯掉我的'手臂'，算是对我的一个惩罚吧。我乐意接受这个不体面的惩罚。"

最终，在贝利的恳求下，法官作出了最低限度的判罚：法比亚诺被判处一年零四个月的有期徒刑，并承担修复被毁坏的铜像的所有费用。身无分文的法比亚诺是拿不出钱来修复铜像的。在法院作出判罚后贝利对法比亚诺说："请不要担心，修复铜像的所有费用由我来承担，希望你早日恢复自由，到时，我带你去看看新的铜像。"法比亚诺泪流满面，他向贝利表示："我想，等我恢复自由后，我会成为一名哨兵，去守卫那尊铜像，不让它再受到丝毫的伤害。"

贝利再一次征服了巴西球迷，不过这一次不是用球技，而是用他的宽容、大度和善良，用宽厚仁慈的爱去温暖一颗误入歧途的心灵。这个世界并不需要更多悲痛的哀鸣和愤怒的责难，需要的正是这种博大的宽容。

只不过多绕了几个圈

1744 年 8 月 1 日，世界著名的博物学者拉马克出生在法国毕加底。他是 11 个兄弟姐妹中年纪最小的一个，深受父母宠爱。

父亲对拉马克的要求很严，希望他长大后能当牧师，便送他到神学院读书。后来普法战争爆发，拉马克被征召入伍，不久因为生病而提前退伍。

退伍后，拉马克没有当上牧师，却迷上了气象学，想当个气象学家，于是整天抬头看着变化万千的天空。后来，拉马克在银行找到了工作，又想当个金融家了。但是不久后他又爱上了音乐，整天拉小提琴，想成为一个音乐家。这时，大哥劝他不如当个医生，拉马克又听了哥哥的话，学医 4 年，可是他对医学却没有多大兴趣。

24 岁的拉马克有一天在植物园散步时，碰巧遇上了法国著名的思想家卢梭。卢梭很喜欢拉马克，常带他到自己的研究室去。在那里，这位三心二意的青年深深地被科学迷住了。

此后，拉马克花了整整 11 年的时间，系统地研究了植物学，写成了名著《法国植物志》。

想到了做官的哥哥。想来有契约在，再加上哥哥出面说情，这官司就必赢无疑了。张英考虑再三，给弟弟写了一封劝他息事宁人的信，寄去了一个条幅，上写"吃亏是福"四个大字。同时又给弟弟另附了一首打油诗：

千里家书只为墙，

让他三尺又何妨？

万里长城今犹在，

不见当年秦始皇。

弟弟接到信，羞愧难当，当即撤了诉状，向邻居表示不再相争。那邻居也被张氏兄弟的一片至诚所感动，表示也不愿继续闹下去，也让出了三尺宅基地。于是两家重归于好，化干戈为玉帛。这在当地一直传为佳话。

大凡平民百姓，最难吃亏的是财，最难忍受的是气。往往被气所激，被财所迷，便会做出不可收拾的局面来。一打官司，难免为了争个输赢而打点官府衙门，大多是丢了西瓜，捡了芝麻，为人耻笑，自己倾家荡产。这样的关口，两相争必相伤，两相和必各保，实在不值得争赢斗胜，种下深仇大恨。

张英的意思无非是钱财乃身外之物，不值得相争。像长城那样宏伟的工程，秦始皇死后尚不能拥有，将国比家，道理还不是一样嘛！人赤条条地来到世上，又赤条条地复归黄土，争来争去没啥意思，更何必惊动官府、伤害邻居？

"让他三尺又何妨？"一件小事表现了张英的宽宏大量。俗语讲得好："小不忍则乱大谋。"有时忍小愤亦可以成大谋。

第五篇

依赖是种病，舍弃多余的拐杖

我的事情我做主

那时，她还是小女孩。有一次，母亲带她一起整理鞋柜，鞋柜里脏乱不堪，有的鞋子已经变形和开裂得丑陋不堪，尤其是父亲的那双鞋，还散发着一种难闻的汗臭味，她便建议母亲扔掉那些鞋子。可母亲抚摸一下她的头发，说："傻丫头，这些鞋都是有特殊意义的。"随后，母亲拿起一双浅口红皮鞋，满脸的幸福和温情，回忆起和她父亲的相识：

17岁那年，我遇到你父亲，拿不定主意是否嫁给他，我的母亲说，那就要他给你买双鞋吧，从男人买什么样的鞋就能看出他的为人。我有点不相信，直到他将这双红皮鞋送到我跟前。母亲说，红色代表火热，浅口软皮代表舒适，半高跟代表稳重，昂贵的鳄鱼皮代表他的忠诚，放心吧，这是一个真爱你的男人。

从那以后，她开始珍惜父母送给她的每一双鞋子，当她成为拉普拉塔大学法律系的一名学生时，她已经收藏了好多双不同款式的高跟鞋。而法律系有一个来自南方的青年，英俊潇洒，口才超群，悄然地走入她这位怀春少女的心田，终于在大三时两人捅破了相隔的那层纸，将同窗关系发展为恋爱关系。

她陶醉在甜蜜的爱情之中，被这火热的感情所鼓舞，于是带着如意情郎去见父母。母亲对这个邮政工人的儿子能否给女儿的未来带来幸福表示怀疑，侧在女儿耳边轻轻对女儿说："让他给你买双鞋看看吧！"她觉得是个好主意，就照办了。

然而，傻乎乎的情郎不知是测试，想既然是为恋人买鞋就得尊重她的意见，硬拖着屡次推却的情人一起去。然而买鞋那天，平时喜欢滔滔宏论的她始终一声不吭，结果两人逛了大半天都毫无所获。最后，他们来到一家欧洲品牌鞋店，有两双白色皮鞋看上去不错，他知道意中人喜欢白色，于是柔声问她："你想要高跟的，还是平跟的？"她心不在焉地随口答道："我拿不定主意，你看哪双好呢？"他略加思索后，说："那就等你想好了再来吧！"于是，他拉着快快不乐的她，离开了。

几天后，他非常认真地问她："想好买哪双了吗？"她依然是漠不关心地说没有。熬着，熬着，这"木头"情郎终于"开窍"了，说出了她期待已久的话："那就只好让我替你做了！"她兴奋地等待了3天，终于等到了他的礼物，不过他吩咐她不要当面打开。

晚上，她将鞋盒抱回家，和母亲一起怀着激动的心情将礼物打开，出现在眼前的两只鞋居然是一只高跟一只平跟。她气得脸色发青，恨恨地咬着牙齿，砰的一声关上闺门，蒙在被子里号啕大哭起来。她的父亲也勃然大怒："明天约他来吃晚餐，看他如何解释，我女儿可不是跛子！"

第二天，他应邀登门，面对质问，却不慌不忙地说："我

想告诉我心爱的人，自己的事情要自己拿主意，当别人做出错误的决定时，受害者就会是自己！"随后，他从包里拿出另外两只一高一矮的鞋子，说："以后你可以穿平跟鞋去看足球，穿高跟鞋去看电影。"父亲在女儿的耳边悄声而激动地说："嫁给他！"

"木头"情郎叫费尔兰多·基什内尔。2003年当选为阿根廷总统，而她就是第一夫人克里斯蒂娜·赞尔兰。2007年12月10日，克里斯蒂娜从卸任阿根廷总统的丈夫手中接过象征总统权力的权杖，成为阿根廷历史上第一位民选女总统，他们夫妇交接总统权杖，成为现代历史上第一例。

自己的事自己做主，要为自己的行为负责。这句话不仅是领袖和伟人要具备的素质，更是每一个人都要明白的道理。永远只做自己的主人，这样才能做到自尊自爱。

飞向属于自己的天空

胡雪岩幼年便开始在钱庄里干活，从倒便壶提马桶干起，仗着脑袋灵光，没几年就爬到"档手"的位置，相当于现在的银行办事员。少年得志、风流倜傥，日子过起来也好不逍遥自在。

然而，青年胡雪岩对于钱财看得开、看得准，思维异于常人，胸襟开阔，胆识过人，后来始能发光发热，成为清代第一富商。要是胡雪岩也和其他钱庄档手一般小家子气，恐怕下半辈子只不过继续在钱庄里，每日围着孔方兄打转转。

要求有一片属于自己的天地，正是胡雪岩立足商界，不断地打开市场，最终成为大商贾的内在动力。

胡雪岩父死家贫，自小就到钱庄当学徒，由于他勤快聪明，熬到满师，便成了信和的一名伙计，专理跑街收账。当时不过二十来岁的胡雪岩实在是有些胆大妄为，竟然自作主张，挪用钱庄的银子资助有才学却潦倒落魄的王有龄进京捐官，不仅使自己在信和的饭碗丢掉了，而且因此一举，还使自己在同行中"坏"了名声，再没有钱庄敢雇用他，终至落魄到为人打零工糊口的地步。

好在天无绝人之路，王有龄得到胡雪岩资助进京捐官，一切顺利。回到杭州，很快便得了浙江海运局坐办的差事。王有龄知恩图报，一回到杭州就四下里寻访胡雪岩的下落，即便自己力量有限，也要尽力帮他。

重逢王有龄之后，胡雪岩起码有两个在一般人看来相当不错的选择：一是留在王有龄身边帮王有龄的忙，而且此时的王有龄确实需要帮手，也特别希望胡雪岩能够留在衙门里帮帮自己。依王有龄自己的想法，适当的时候，胡雪岩自己也可以捐个功名，以他的能力，肯定会飞黄腾达的。胡雪岩的另一个选

择是，回他做过伙计的信和钱庄，以他此时的条件，回信和必将被重用，实际信和"大伙"张胖子收到王有龄替胡雪岩安排的五百两银子之后，已经做好了拉回胡雪岩，让出自己位子的打算。他找到胡雪岩的家里，恳请胡雪岩重回信和，甚至将胡雪岩离开信和期间的薪水都给他带去了。

但是，这两条路胡雪岩都没有走。做官本来就不是胡雪岩的兴趣所在，他当然不会走前一条路；而回到信和，也就是胡雪岩说的"回汤豆腐"，他自然更不会去做。这里其实也不仅仅是"好马不吃回头草"的问题，关键在于，这"回汤豆腐"做得再好也不过做到"大伙"为止，终归不过是个"二老板"，并不能事事由自己做主。

"自己做不得自己的主，算得了什么好汉？"胡雪岩要的就是自己做主，所以他一上手就要开办自己的钱庄。其实，这时的胡雪岩连一两银子的本钱都还没有，他不过是料定王有龄还会外放州县，以他自己的打算，现在有个几千两银子把钱庄的架子撑起来，到时可以代理官库银钱往来，凭他的本事，定能发达。事情的发展正如胡雪岩预想的那样，凭借着王有龄的力量，他终于开创了自己的一片天地。

在现实生活中，要想在别人的荫蔽下保持一种完全的独立是很困难的，必须要有一片属于自己的天地，有了自己的天空，才能飞得更自由，飞得更自在。

120

独立，才能拥有完整的人生

佐川清 8 岁那年，母亲因病去世。他的父亲又娶了一个女人回家。但是他跟继母的关系不好，中学没毕业，就赌气离家出走，到外面自谋生路。

最初，他在一家速递公司当脚夫。那时的快递公司一般没有运输工具，主要靠搭车和走路，对体力要求比较高，非常辛苦。

当了 20 年脚夫后，佐川清 35 岁了。他想，自己年龄不小了，应该拥有一份属于自己的事业。干什么好呢？别的行业他不懂，最好还是从自己最拿手的项目开始。于是，他在京都创办了"佐川捷运公司"。公司只有一位老板和一位员工，都是佐川清自己。公司的资产是他强壮的身体。应该说，这是真正的白手起家，从零起步。

佐川清的优势是，他在这一行已有 20 年经验，知道怎样拉生意和跟客户打交道，也知道怎样把事情做好。渡过最初的艰难时期后，他成功地打开了局面。

后来，他承接的生意越来越多，一个人忙不过来了，开始

雇用职员，还买了两辆旧脚踏车做运输工具。

再后来，"佐川捷运公司"发展成一个拥有万辆卡车、数百家店铺、电脑中心控制、现代化流水作业的货运集团公司，垄断了日本的货运业，并且将生意做到国外，年营业额逾3000亿日元。佐川清本人也成为日本著名的财阀之一。

对于一个人来说，拥有独立的性格无疑是人生最宝贵的财富。独立的性格才能造就尊严，才能造就财富，才能拥有完整的人生。

让自己跌到谷底

有一个人，出生在美国一个普通家庭，家里的经济条件很差，他的父亲是开小旅馆的，没赚到什么钱，勉强供他念到大学。

大学毕业后，他在一家杂志社谋到一份差事，并开始在报纸上发表文章，他雄心勃勃，想要成就一番大事业。几年过去了，他发表了不少文章，但仍然没有成名。他认为整天写豆腐块没出息，于是考虑写长篇小说。28岁那年，他终于写出了一部小说，但作品出版后，反应平平，他既没有赚到钱，也没有获得期望中的名声。他的心一下子沉了下去，他开始怀疑自己的能力。恰逢此时，他和杂志社老板闹意见，老板一怒之下，炒了他的鱿鱼。此处不留人，自有留人处，他气愤至极，卷起被铺就走人。他四处求职，可是身上的钱已花得差不多，工作还没着落，他越来越穷困潦倒。偏偏这时，一场人生的灾难骤然降临，他病倒了。

医生告诉他，这种病在短期内没法痊愈，需要长期住院观察，他听了，感到人生被画上了一个圆圈，他彻底绝望了。

日子在一天天过去，病情仍未见好转，他躺在床上什么都不做，感到全身空洞洞的，他开始胡思乱想起来。一天他忽然想，何不找些轻松的书籍来阅读，譬如推理小说之类的？

说看就看，他真的找来几本看起来。两年后，他出院了，竟在不知不觉间看了2000多册书。或许是潜移默化，或许是其他原因，总之，他渐渐喜欢上推理小说，最后，他干脆写起推理小说来。让他感到惊讶的是，他觉得自己竟然很适合写推理小说。

不久，他就写出一篇，便把它小心翼翼地送到编辑手上。让人深感意外的是，这篇名叫《班森杀人事件》的推理小说，一出版就大受欢迎，他由此迅速走红。

他叫范达因，是美国推理小说之父。他创作的《菲洛·万斯探案集》成为世界推理小说史上的经典巨著，全球销售量达8000万册。

贫穷、失业、患病、失意，这看似可怕，其实未必是件坏事。许多时候，只有当一个人跌到了人生的谷底，远离了欲望喧嚣，才能彻底看清自己，知道自己要走什么路。

保持自我，免除灾祸

明弘治十一年（1498），唐寅（字伯虎）参加科举考试，并夺得乡试第一名。久闻其名的宁王朱宸濠遂召他做了幕僚，并委以重任。

日子久了，唐伯虎渐渐发现朱宸濠正养精蓄锐，招兵买马，野心勃勃地为夺取中央政权做准备。他十分清楚凭宁王的天赋和势力想要与朝廷对抗，这无疑是拿鸡蛋碰石头，必败无疑。若是自己不及早脱身，早晚也得落个身败名裂、暴尸荒野的下场！可是怎样才能摆脱他的控制呢？宁王生性暴戾，多疑猜忌，如果直接提出辞职不干，不待从宁王手下抽身出来，就会遭到他的杀戮。何去何从的问题萦绕在唐寅的脑海很久，他终于找到了一个脱身之计。

有一天，宁王朱宸濠接到手下人报告，说唐伯虎近来情绪相当反常，总是一人面壁呆立，一会儿哭一会儿笑，该睡觉的时候高声大叫，到处乱跑，等白天别人开始工作时，他又脱光衣服，赤身裸体地东躺西卧，昏睡不醒。整个一个颠三倒四的疯子。朱宸濠不相信才华四溢的唐寅会精神失常，决定派人前去探望，一则表示对他的关心，二则可以趁机看看他到底是不是疯了。不多时，去看唐伯虎的人回来告诉朱宸濠说："王爷，我们看他是真疯了。连我们都不认识，当我们告诉他是您叫我们去看他，并带给他礼物时，他先是忽哭忽笑，不作理会，随后抢过礼物扔在地上。"朱宸濠听了这番描述，相信唐寅确实疯了，不禁产生了对他的同情，送给他一些银两，把他打发回去了。

后来，朱宸濠果真谋反叛逆，受到惩罚。除唐伯虎及早归乡没受株连外，宁王府的谋士党羽无一幸免。

保持自我既是一种智慧，也是一种勇气，更是一种自我的选择。决定人生关键的时刻，靠自己的这种"保持自我"，甚至可以免灾消难。

自己打磨自己

　　一个朝气蓬勃的年轻人到一家杂志社实习，在这里他遇上一位以严格要求和博学多才而闻名的编辑。年轻人每次交稿时，这位编辑总是一句话："如果你对某一个字的写法没把握，就查字典。"并且规定，年轻人每天得写一篇文章放进编辑桌上的盒子里。哪天没有，他就敲着桌子说："文章呢?"

　　这样，在日积月累的岁月中，年轻人的文章一天一个样。他后来在写作上取得很大成就，并参与了美国独立宣言的起草。

　　这位年轻人就是美国著名的科学家、民主主义革命者乔治·富兰克林，指点他的那位编辑名叫费恩。富兰克林一直以一种敬畏和崇拜的心情按照费恩的严格要求磨砺自己，终于取得了成功。后来，费恩去世了，富兰克林在整理费恩的遗稿时，看到了这样一句话："我不是你心目中的那个人，我并不懂写作。每个单词都得查字典，一篇要看上几十遍。我给自己创造了一个权威的形象。你让我教你，我尽量去做，其实多数时候是你自己在打磨自己。"

　　自己打磨自己? 富兰克林简直不敢相信，指点自己写作的权威竟然近似于写作盲！自己的写作才能竟然就是自己在一天一篇的积累中打磨出来的。老编辑只不过是对他持之以恒地严格要求而已！

一个人，只有完全明白"只有在苦难和挫折中，自己深深体会其中的道理，才会取得进步"的道理，自己打磨自己，才能在人群中脱颖而出。

"自己"才是财富的源泉

第二次世界大战结束后，从战场上回来的斯梯尔在百事可乐公司谋得了一个货车司机的职位。经过 20 年的奋斗，他从一个普通员工一直干到了百事可乐公司总裁的职位。

斯梯尔可谓临危受命，因为从 19 世纪末到 20 世纪，美国的可口可乐风靡全球，一直是全球软饮料行业的龙头老大，曾经有很多人试图仿制出可口可乐那样的饮料，但是结果毫无例外，全让正牌的可口可乐击败了。而百事可乐公司自 1898 年开始创办，由于经营不善，只能在市场的边缘求得一点生存空间。斯梯尔上任后，专心致志，聚集所有力量来与雄霸天下的可口可乐竞争。

他先是把市场定位于战后的年轻一代，选用散发青春活力的俊男美女做广告，通过庞大的广告攻势发出"百事可乐：新一代的选择"的口号，宣扬"饮百事可乐，突出你的青春健康形象"。

然后，百事可乐又别出心裁地推出不同分量的包装，既可以把一大瓶百事可乐放在家里，全家一起饮用，也可以让年轻人买小瓶的单独享用，而当时的可口可乐始终只有一种分量的包装。

后来的一天，人们突然在电视广告里看到了这样的画面：百事可乐公司在一些公共场所邀请人们同时饮用可口可乐和百事可乐，在品尝之后，请他们评价两者的味道。结果因为很多人喜欢吃甜食的心理，在没有名牌效应的情况下，大多数人都比较喜欢百事可乐的味道，因为百事可乐比可口可乐略甜。于是，那些参与测试者喜欢百事可乐的神情，都被拍摄下来，出现在电视上，斯梯尔采用的这种市场测试法大获成功，最后推广到世界各地的可乐市场上。

试味道这一招对可口可乐高层的震动很大，他们开始检讨在可乐的味道上是否已经不能符合公众的喜好，因此做出了改变旧配方的决定，把可口可乐的甜味提高。

谁知可口可乐这一反应正中了斯梯尔的圈套。在可口可乐改变配方当天，斯梯尔马上宣布给百事可乐员工一天临时假期以示庆祝，并且还在美国各大城市的闹市区免费派发百事可乐，搞得这一天像是百事可乐的大喜日子。不但如此，斯梯尔还乘胜追击，推出一则新广告，在广告片上，先提出一个问题："为什么可口可乐要改变配方？"然后就是一位靓女在喝了一口百事可乐之后，恍然大悟，面露喜色地说："噢，现在我知道了！"

这一下，百事可乐把可口可乐打得狼狈不堪，可口可乐销量暴跌，而百事可乐销量暴升。本来奄奄一息的百事可乐公司终于可以和可口可乐分庭抗礼了。

生存于边缘的百事可乐公司不相信坐等机遇可以给自己带来改观。只有自强，靠自己的努力才能获得市场。事实也证明，"自己"才是财富的源泉。

真性流露

王羲之从7岁开始学习书法。12岁时曾偷偷地阅读他父亲藏在枕中的《笔说》一书，领会了写字的方法论。少年时又到洛阳观摩汉魏各大书法名家的真迹，大开了眼界。青年时代随着全家南迁建康后，他经常以东汉书法家张芝"临池学书，池水尽黑"的事迹激励自己。在做官和游历所经的地方，他都临池洗砚作书。如在建康钟山、江西庐山的归宗寺、临川的新城

山和浙江永嘉的积谷山等处，都传说有他的"墨池"。另外，又流传一个故事说他曾经用了15年的工夫，专攻一个最难写好的"永"字。他继承了前代各家的长处，除了善于写隶书以外，还擅长写行书和草书。他的作品笔力雄健，据梁武帝萧衍的评论说：王羲之的字犹如"龙跳大门，虎卧凤阁"。也有人说他的笔势是"飘若游云，矫若惊龙"，因而被人尊为"书圣"。可惜他的作品流传下来的极少，传世的《快雪时晴帖》、《上虞帖》、《寒切帖》、《丧乱帖》、《姨母帖》和《奉桔帖》等，可能都是唐人的摹本。据说王羲之平时不善于言谈，也不讲究修饰。曾经有一个夏天，太尉郗鉴派人到乌衣巷王府来选女婿。他的堂兄弟们都打扮得整整齐齐，态度十分高傲，只有王羲之一人袒胸露腹地坐在东边的床上照常进餐。结果郗鉴反而看中了王羲之，选他当了女婿。

对于很多人而言，最吸引别人的是"真实自我的体现"。真实地活出自我，这样的人自己活得轻松，同时也能得到别人的赞赏。

130

死信里的商机

　　20 世纪 50 年代，在美国首都华盛顿的一座邮政局里，经理正在暗自发愁。因为有成千上万的信无法投递出去被堆在仓库的一角，这些信都是无法找到收信人，又无法退回的死信。按照规定，这些信在存放一段时间后就得销毁掉。

　　这天，邮局里的工作人员正准备将这些信销毁掉时，一位小伙子找上门来。

　　小伙子来访的目的，让邮局里的高层人员很是意外。原来，小伙子此行是为那堆令人头疼的死信而来，他要将那堆死信全部代送，不仅不收一分钱的费用，反而还给邮局一定的保证金。邮局里的高层人员被小伙子的话给弄愣了，但见小伙子那真诚的话语，邮局里的高层人员觉得这是名利双收的好事，而且这等好事不用邮局投入一个劳力，一分钱。

　　于是，邮局和这位小伙子签订了一份具有法律效应的合同。

　　当天，小伙子就自己骑着一辆人力三轮车将堆放在邮局里的那堆死信拉了回去。

　　第二天，他开始在华盛顿大街小巷投送那些死信，尽管小

伙子很仔细认真地按照信上所写的地址走了一遍，但依然没有结果，小伙子像早料到了似的，他并没有失望。

时间一天天过去了，华盛顿的居民开始知道了小伙子，人们为小伙子仔细认真的精神所感动。

一天，小伙子在送死信的路上，被一位老者叫住了，老者让小伙子送一封急件到另一条街坊，并许诺会多给工钱。

小伙子欣然接了他的第一份业务，他知道自己即将迎来自己事业的开始。很快，小伙子在华盛顿的繁华街头开了一家速递公司，由于他那种敬业精神早为人知，所以为了速递来找他的客人络绎不绝。

第二年，他就在纽约开了一家更大的速递公司，接着在华盛顿、拉斯维加斯相继开了更大的速递公司。

不到10年的时间，他就在全美国开办了13家速递公司，总资产近亿美元，他就是美国有"速递大王"之称的乔治·肯鲍尼。

肯鲍尼用三轮车赚得了人生的第一桶金。

曾经在谈及财富的时候，世界首富比尔·盖茨说过一句很经典的话，最大的财富不是堆积如山的金钱，而是自己的脑子。现实世界里，当你要想开始赚第一桶金时，一定要有一颗在收获之前付出的平常心。

善于推销自己

公元前 258 年，秦军包围赵国国都邯郸。赵王派平原君出使楚国，与楚联盟抗秦。平原君准备带领 20 名精明强干、文武兼备的门客跟随。他精心挑选了一番，只选出了 19 名，再也选不出中意的人了。这时门客中有个叫毛遂的人走上前来，向平原君自我推荐说："我听说您将要出使楚国，准备带家中门客 20 人，现在还缺一人，希望您就把我当成其中的一员吧。"

平原君说："先生到我的门下几年了？"毛遂说："已经 3 年了。"平原君说："有才能的人处在世上，就像是一把锥子放在口袋里一样，那锋利的锥尖很快就会透出来。如今先生在我门下住了 3 年，可左右的人没有称颂你的，我赵胜也没有听说过你呀。这似乎说明你没有什么才能，先生还是留在家里吧。"毛遂说："我只是今天才请求你把我装进口袋里去罢了。假如我这只锥子早一点装进口袋里，早就脱颖而出了，难道仅仅只是露一点锋芒吗？"

平原君终于答应带毛遂与另外 19 人同去楚国。

到了楚国，平原君和楚王在朝廷上谈论合纵抗秦大事，毛

遂与其他19人在台阶下等候。他们从早晨一直谈到中午，竟毫无结果。其他门客对毛遂说："先生你上去谈一谈吧。"毛遂拿着宝剑，沿着石级，一步步走上去，对平原君说："合纵的利害关系明明白白，两句话就可以说完，可是今天太阳一出来你们就开始讨论，直到中午还没有结果，这是为什么呢？"楚庄王问平原君："这人是干什么的？"平原君说："是我的门客。"楚王呵斥道："还不给我退下去，我正在同你的主人说话，你来干什么？"毛遂按剑上前说："大王竟敢如此呵斥我毛遂，凭借的是楚国人多吗？眼下，在十步之内，大王无法倚仗人多势众，大王的性命就悬在我手中。我的主人在眼前，你呵斥我干什么呢？况且，我听说商汤凭方圆70里的土地就可以在天下争王，周文王凭方圆百里的地盘，使诸侯归附称臣，哪里是仅凭他们的兵多呢？现在楚国有方圆5000里的土地，拿着兵器的将士亦有百万，这是你称霸的好资本，天下谁能抵挡呢？然而事实上楚国却连连受辱。白起，只不过是秦国的末将，仅率领几万人马，就起兵与楚作战。第一战就拿下了你的城白鄢、郢，第二仗就烧毁了你的夷陵，第三仗污辱了大王的宗庙，这是世世代代的怨恨，连赵国也为之感到羞耻，但是大王却淡忘了这种刻骨仇恨。合纵之事，主要为的是楚国，而不是赵国啊！你还有什么拿不定主意呢？"楚王被说服了，当场表示："是的，的确像先生说的，为保全我楚国的江山社稷，我们参加抗秦。"毛遂问："大王决定了吗？"楚王说："决定了。"毛遂对左右的官员说："请把狗、鸡、马的血拿上来。"

毛遂捧着盛血的铜盆跪着献给楚王，说："那就请大王和我的主人平原君歃血为盟吧。"就这样，楚赵联合抗秦的盟约就确定了。

现代社会，酒香也怕巷子深，机会不会主动找你，所以需要你勇于自荐。毛遂自荐的精神特别适合这个人才多、机遇少的年代。

无论如何，自信莫失

美国著名的现代小说家海明威，在 1952 年创作了中篇小说《老人与海》，震惊文坛，并主要以这篇作品获得了诺贝尔文学奖。

《老人与海》是一部描写人与大自然的"惊涛骇浪"进行搏斗的故事，实质上也包含了人在内心里激发的惊涛骇浪。这位名叫圣地亚哥的老渔夫，出海远航捕鱼，漂流了 84 天一无所获。后来，钓着了一条大马林鱼。可是，这条鱼实在是太大了，老渔夫根本摆弄不了它。反而是那条鱼拽着沉重的钓丝，把小船拖向很远的海上。漫长的 84 天的漂流，老人已经筋疲力尽了，现在又要对付这么大的、把船儿拖得飞奔的一条鱼，

如果没有高度的自信，任何人都会在惶恐中选择放弃。老人就这么在船上跟着鱼走，一天一夜，又一天一夜，在骤然间气候突变的茫茫大海上，孤独无援的老人，那种难以再坚持下去的疲劳、饥饿、困倦是可想而知了。难能可贵的是，老人坚强地对待恶劣的自然条件和随时可能发生的生命不测，充满自信地要征服这条大鱼。鱼也累了，伤痛和疲乏使它开始浮出水面。老人终于划船过去把它钩住。然而这时，一群鲨鱼游了过来，向那条马林鱼发动袭击。老人的小船，在惊涛骇浪中完全难以操纵，他随时都有葬身海底的危险。但是老人仍坚持着自信，没有放弃那条鱼，在飘摇不定的小船上，用桨对着鲨鱼打、戳、刺，直到精疲力竭，没有了一点力气。鲨鱼把那条马林鱼能吃的部分全吃掉了……

渔民们找到老人的时候，老人正在小船上流泪，他因为丢了鱼都快要气疯了，那群吃兴未尽的鲨鱼还在小船的四周打转转呢！看，老人直到这个样子了，还没有丢掉收获的自信，为自己最终没有斗过鲨鱼而难过，真是十分难得了。

作家在这篇小说里，虽然是寓意人同强大的外界势力搏斗时终归失败，但歌颂了坚韧不拔的自信，推出了人的勇敢气度的胜利，体现了人们只要能够坚强对待邪恶势力，就能展现"可以被消灭，但不能被打败"的精神。只要这种精神存在，就总会有收获的。试想，经历了 84 天的漂流和两天两夜的生死搏斗，老人没有失望和放弃，不是钓到了一条大鱼吗？如果没有鲨鱼的出现，收获也是不错的。面对凶猛鲨鱼的掠夺，老人似乎也该放弃猎物，自己逃命要紧。但老人却勇敢地与鲨鱼进行了搏斗，虽然在捍卫猎物方面失败，但老人的顽强意志，却成为生命的最大收获。

文学写作中有一种说法，叫作"文如其人"。海明威善于写一个人自信与奋斗的作品，正是反映了他本人的真实性格。他的一生，也充满了强烈的自信与奋斗精神：他曾躲在深深的草丛里，猎杀过几只觅食的狮子。一只狮子被他的飞镖击中，死亡的痛苦，使它发疯地向他奔来。海明威自信地等待着，等狮子离得很近了，才准确地射出了子弹。他捕鱼打猎的技艺，继承于他的当医生的父亲。他曾捕到一条大金枪鱼，重达514磅，他使用了捕马林鱼学到的技术，与鱼进行了长时间的搏斗。回到码头时，却有一个人想霸占他的猎物。海明威看也不看，就一拳打去，与那人扭成一团，凭着自己摔跤的过硬本领，终于将那人打翻在地。事后发现自己牺牲了两个脚趾甲。

他曾在1924年夏天，和别人到西班牙参加狂欢节，与一名叫作斯图尔特的作家进行斗牛比赛，第一天取得了胜利；第二天斯图尔特绊倒了，凶猛的公牛把他用犄角挑起来，甩来甩去，海明威不顾一切地冲上去，把伙伴从公牛的头上救下来。他还曾作为记者，多次奔赴战场，经历了九死一生的险情。因为乘坐的飞机失事，海明威受了重伤，他以惊人的毅力活了过来，戏谑地看着关于自己死亡的讣告。

无论环境如何险恶，条件怎样严酷，能够保持充足的自

信，是取得成功的基础。自信的人，不是一种盲目的乐观，而是一种铮铮铁骨的不屈精神。有了这种自信，才能搏击惊涛骇浪。

坚守自己的信念

法国著名作家大仲马，最初为谋生的需要，不过是在奥尔良公爵府当书记员，很称职的。他却在这一时间根据自己的爱好，进行了剧本写作，把《亨利第三和他的宫殿》的本子朗读给他人听，得到了一片喝彩声。这时，总管找到大仲马，很严肃地通知他，是继续当书记员，还是搞文学，让他从二者中进行选择。继续当书记员，无疑是一份不错的工作，可以解决衣食之忧；而从事写作，他只是按照自己的兴趣写点东西，根本没有名气，以后能否挣来饭吃，还是两可之间的事。这样的选择，的确有点让大仲马为难。在自己的未来发展和衣食来源之间，大仲马倾心于前者，因此他不卑不亢地回答说："我不辞职。至于我的薪水，如果每月115法郎对于公爵殿下的预算是一种负担的话，那我就放弃不领好了。"从中可以看出，他既向往自己爱好的文学写作，对书记员这份工作也存在依靠的感情。

但是第二天，他的薪水还是停发了。一个从穷乡僻壤来的年轻人，只好集中精力，作破釜沉舟的一搏了。果然是"天生我材必有用"，他的努力得到了一些有识之士的认可，很快打开了局面，有个大银行家愿意给他3000法郎，条件是要他把剧本的手稿存放在银行家的金库里。同时，大仲马的剧本被法兰西剧院接受了，并且演出取得了巨大成功。最后谢幕时，报出了这个穷光蛋作者的名字，全场观众，包括公爵在内，都站了起来。从此，大仲马把他的人生精力都投入到文学写作中去，发挥了他的天赋，成为法国著名的作家。

在现实生活中，大凡有一定理想抱负、天资聪明，但出身贫穷、日子窘迫的人，在自己向往的兴趣爱好与聊为衣食之源的工作面前，几乎都会经历一次乃至多次抉择。如果不能像大仲马那样，热烈追求着自己喜欢的行当，就不可能在短时间内把精力集中地投放在兴趣爱好上，并锲而不舍地干出一番成绩来。所以说，目光短浅，只顾眼前利益者，是很难有大出息的。

士别三日刮目相看

　　吕蒙是三国时东吴将领，英勇善战。虽然深得周瑜、孙权器重，但吕蒙十五六岁即从军打仗，没读过什么书，也没什么学问。因为这，鲁肃认为吕蒙这个人只不过是一个草莽之徒，四肢发达，头脑简单，没什么谋略可言。吕蒙自认低人一等，也不爱读书，不思进取。

　　有一次，孙权派吕蒙去镇守一个重地，临行前嘱咐他说："你现在很年轻，应该多读些史书、兵法，懂的知识多了，才能不断进步。"吕蒙一听，忙说："我带兵打仗忙得很，哪有时间学习呀！"孙权听了批评他说："你这样就不对了。我主管国家大事，比你忙得多，可仍然抽出时间读书，收获很大。汉时的光武帝带兵打仗，日理万机，仍然手不释卷，你与之相比，又有什么困难可言呢？"

　　吕蒙听了孙权的话感到十分惭愧，从此后便开始发愤读书补课，利用军旅闲暇，遍读诗、书、史及兵法战策，如饥似渴。在不懈的努力之下，吕蒙的学识一步步提高，官职也越来越大，当上了偏将军。

　　周瑜死后，鲁肃代替周瑜驻防陆口。大军路过吕蒙驻地时，一谋士建议鲁肃说："吕将军功名日高，您不应怠慢他，最好去看看。"

鲁肃也想探个究竟，便去拜会吕蒙，吕蒙设宴热情款待鲁肃。席间吕蒙请教鲁肃说："大都督受朝廷重托，驻防陆口，与关羽为邻，不知有何良谋以防不测，能否让晚辈长点见识。"

鲁肃随口应道："这事到时候再说嘛……"吕蒙正色道："这样恐怕不行。当今吴蜀虽已联盟，但关羽如同熊虎，险恶异常，怎能没有预谋，做好准备呢？对此，晚辈我倒有一些拙见，愿说出来作个参考。"吕蒙于是献上五条计策，见解独到精妙，全面深刻。

鲁肃惊喜之下，随即走到吕蒙身旁，拍着他的肩膀赞叹道："真没想到，你的才智进步如此之快……我以前只知道你一介武夫，现在看来，你的学识也十分广博啊！远非从前的'吴下阿蒙'了！"

吕蒙笑道："士别三日，即当刮目相待。"

从此，鲁肃对吕蒙尊爱有加，两人成了好朋友。吕蒙通过努力学习和实战，终成一代儒将而享誉天下。

为何不相信自己的能力。有了目标，就有了努力的方向。选择了自己的人生，就要相信自己的人生，更要相信自己的人生把握在自己的手中。

自己的命运自己把握

袁了凡是明朝人，年幼时丧父，他很听母亲的话，母亲叫他放弃读书求取功名而改习医术，这样可以济世救人。袁了凡顺从了母亲的话。有一天，他在慈云寺里碰到一位仙风道骨的老人。老人慈祥地对他说："你是做官的'命'，明年就可以科举及第，为什么不读书了？"

于是袁了凡把母亲叫他放弃功名，改习医术的事告诉这位老人，他同时请教老人为什么会这样说。老人回答："我姓孔，得到了邵先生所精通的皇极数真传，我见你是有缘人，想把这皇极数传授给你。"于是袁了凡把孔先生请到家中，他的母亲了解原委之后便对袁了凡说："我们要好好地招待他，既然这位老者精通术数就请他为你推算一下，看看是否灵验。"

这位孔先生算了一些事情，结果都十分灵验。因此，袁了凡便相信孔先生所说自己应该是有功名的，于是又去读书，拜郁海谷先生为师。

后来，袁了凡又请孔先生替他推算具体的前程。老先生说："你做童生的时候，县考得第 14 名，府考得第 71 名，提学考应当得第9名。"

果然，一年之后，袁了凡三次考试中所得的名次跟孔先生所推算的一模一样。

孔先生又替袁了凡推算终身的吉凶。"你应当做贡生，等到出了贡后，应被选为四川一知县，上任3年半后便告退。你会活到53岁，可惜没有子嗣。"

不久，袁了凡真如孔先生所说成了贡生，在南都进学一年。这时，他觉得一切已经在"命"里注定，何必再努力，所以整天静坐不动，不说话也不思考，凡是文字一律不看。一年之后，他要到国子监去读书，临行前，先到栖霞山拜会云谷禅师。

云谷禅师问道："一个人不能成为圣人是因为胡思乱想的念头太多。我看你静坐了三日，却没有起过一个乱念头，这是什么原因？"

袁了凡回答："孔先生替我算过命了，我的命数已经定了，荣辱生命都有定数，不能改变，想也没有用，自然没有乱念头。"

云谷禅师笑道："我还以为你是个了不起的人，原来不过是个凡夫。平常人不能没有胡思乱想的心，因此被阴阳束缚住，也即是被所谓的命数束缚，相信命道。然而极善的人可以变苦成乐，贫贱短命变成富贵长寿。反过来，极恶的人可以变福成祸，富贵长寿变成贫贱短命。你先前的20年都被孔先生算定没有把'数'转动过分毫，所以你是凡夫。"

袁了凡问："照你这样说，这个'命'不是一定的吗？"

云谷禅师说："'命'不是一定的，而是由自己把握的，常做善事'命'可以变好，无福也可以变为有福；做了恶事，'命'就会不好，有福也会变无福。"

袁了凡进一步问："孟子说过，道德仁义全在自己心中，我可以努力做到；但是功名富贵不是在我心里面，是旁人的，我怎么可以求呢？"

云谷禅师说："你把孟子的话解释错了。一切福田都离不开心里。只要你能感动别人，没有做不到的事情。如果你能向自己心里头去求，那不单心里头的道德仁义可以求得到，就是身外的功名富贵也可以得到，而且是不去求便自然得到。"

云谷禅师再引经据典阐述他的观点，使袁了凡心里开始相信"命"是可以改变的。只要由内心做起，把自己不良的习惯改掉，增加福德，自然可以改"命"。

云谷禅师又问："按你自己的想法，你是不是应该功名加身，也有子嗣呢？"

袁了凡想了一会儿，回答说："我不应该有功名，也不会有子嗣。因为有功名的人都是有福相的，我相薄福也薄，又没有行善积德，另外我不能忍耐和担当重大的事情；旁人有不对时，我也无法包容；而且我性情急躁、气量偏狭，有时又显得自大，喜高谈阔论，想做就去做。这种种行为，都是福薄之相，怎么能够取得功名呢？

"此外，我洁癖，容易动怒，只懂爱惜自己的名节，说话太多。伤了气，身体就不强健；还有，我喜欢喝酒，又常彻夜不眠，也不懂保元气。我有这种种的毛病，所以不应该有子嗣的。"

云谷禅师便教他用功改过的方法。记下每一天的功与过，让他知道每天的所作所为有什么可以改进的。最后，云谷禅师说："下决心要改过积善。"

一年之后礼部科考，孔先生算他考第二，结果他考第一。这时袁了凡更笃信云谷禅师的话了，更加努力地改过和行善积德，努力地改正坏习惯。当袁了凡将自己的不良习惯逐渐改过后，袁了凡不仅在53岁时没有死，孔先生算定他"命"中无子嗣，结果他也得到一个儿子。

不要轻信一种说法，即使它看起来是对的。最重要的是要相信自己。某些"说法"，很可能是阻挠你前进的桎梏。要进步，就要摆脱这些枷锁。

创意来源于开动脑筋

奥地利两位著名的作曲家莫扎特和海顿在一起打赌。

莫扎特对海顿说："我有一首你不会演奏的曲子。"海顿自然不信，于是他俩就打赌。海顿接过莫扎特递给他的乐谱，开始演奏起来。演奏到一个地方，海顿只好停下来，喊道："难怪你说我不会演奏，现在我的两只手已经在钢琴键盘的中间，同时再奏出一个音，那是不可能的。"莫扎特笑了，走近钢琴演奏起来。

当他演奏到海顿刚才停下的地方时，出人意料地用自己的鼻子弹了钢琴键盘中间的那个音。果然，莫扎特创造了一个"奇迹"，打赢了这个赌。

对于渴望成功的每个人来说，不去想或是不会想（即不善于创意），有可能把成功的机遇白白丢掉。许多成功起初常常是一种想法罢了。一旦这类创意得以实现，成功者便会创造出自己的奇迹。至于奇迹的大小，就要看你创意的价值了。只要创意符合客观规律，迟早会出现挡不住的奇迹！关键在于你会不会开动脑筋！

潜意识带来成功

　　三国时代的刘备，自小没有父亲，跟着妈妈替人做草鞋和织草席过日子，日子过得穷困潦倒。在他家附近，有一棵树，枝叶茂盛，远远望去就似皇帝头上的伞盖。年轻的时候，刘备时常和小朋友在树下嬉戏，不时自信地说："我长大了，一定要尝尝做皇帝的滋味。"

　　年纪小小的刘备，便怀有大志，这种狂想式的大志，在没有受到长辈扼杀的时候，便与人一同慢慢成长起来，成为一种争取成功的倾向，这便是潜意识。当这种思想变成"鬼上身"般疯狂地燃烧着身心的时候，原动力便产生了，自然便会养成一种非成功不罢休的态度。于是身心合着意志运动起来，思想影响了行动。在这种思想控制下，一切行动便会向着目标发展。

　　未成功前的刘备，潦倒了大半生，曾经依附过曹操，依附过吕布，依附过刘表，依附过孙权，依附过袁绍，东窜西走，寄人篱下，在流亡之中，连根据地也没有。有过徐州而失败，有过豫州而失败，有过荆州而失败，到了暮年时候，才建立基业于益州。他是怎样得到益州的呢？完全是潜意识带来的

幸运。

在奔波中，刘备有了一班忠心的部下，著名的刘关张结义和三顾茅庐的故事，便是讲述他求才若渴去争取别人的帮助。当他向孔明请教分析时局的时候，孔明告诉了他当时的情形：曹操拥有百万的军队，而且又挟天子以令诸侯，千万不可和他争斗。只有荆州，地理环境好，位居要冲，刘表的儿子是守不住的，这将会是你的机会。还有益州，是一个富庶的地方，适合建立国家，刘璋也不是好材料，守不住的。如果得了荆州和益州，才可以和曹操对敌，兴复汉室。孔明这番分析，有如利刃一样，逐字刻在刘备的心中，形成了一种指导思想行动的力量，日后刘备的一切行动，都以这番话语为依据，从而，刘备一步步迈向成功。

当目标成为自我意识的一部分的时候，你离成功就不远了。潜意识的暗示，促进你不断进取，激励你达到自己的梦想。潜意识是在告诉你，我的将来，就是我想象中的这样！

霍英东的创新经营

　　霍英东小时候随父母在香港做驳运生意，也就是从无法靠岸的大货轮上，将货卸到自己的驳船上，再运到岸边码头。他们唯一的工具便是一条小船。霍英东 7 岁那年，在一次风灾中，他的父亲因为翻船被淹死了。

　　仅仅过了 50 多天，霍家的小船又一次翻在大海里，两个哥哥葬身鱼腹，连尸体都没有找回来！母亲死命抱住一块船板，侥幸被过路的渔船救下一条命。当时霍英东因为在海边找野蚝，不在船上，才躲过了这场灾难。

　　第二次世界大战结束后，霍英东以敏锐的眼光，捕捉到了一个发财的机会。日本侵略军投降后，留下了很多机器设备，价钱很便宜，只需稍加修理就可以用，也可以卖出不错的价格。

　　霍英东很想做这种生意，于是他成了个读报迷，专门注意报纸上拍卖日军剩余物资的消息，并及时赶到现场，以内行的目光挑选出那些有价值的物资，大批买进，迅速修好后再卖出。

　　由于缺少资金，他难以放手大干。有一次，他看准一批机

器，并且在竞买中以 1.8 万港元中标。有一个工厂老板也看中了这批货，愿意出 4 万港元从他手中买下，霍英东净赚了 2.2 万港元，这是他在那几年中赚到的最大一笔钱了，为他积累了最初的资本。

抗美援朝战争结束后，霍英东就预料到，香港航运事业的繁荣，必然会带来金融贸易的发展。而这又将促进商业及住宅楼的开发。

于是他抢先把经营重点转向了房地产开发。1954 年 12 月，霍英东拿出自己的 120 万港元，另向银行贷款 160 万港元，在香港铜锣湾买下了他的第一幢大厦，并创办了"立信建筑置业有限公司"。

刚开始，他也和别人一样，自己花钱买旧楼，拆了后建成新楼逐层出售。这样当然可以稳妥地赚钱，可是由于资金少，发展就比较慢。一个偶然的事件，令霍英东得到了启发，他决定采取房产预售的方法，利用想购房者的定金来盖新房！

这一创举使霍英东的房地产生意顿时大大兴隆起来，一举打破了香港房地产生意的最高纪录。当别的建筑商也学着实行这个办法时，霍英东已经赚到了巨大的财富。他当上了香港房地产建筑商会的会长，会内有会员 300 名，拥有香港 70% 的建筑生意。所以，有人把霍英东称为香港的"土地爷"。

霍英东还有个美称叫"海沙大王"，也来自他在经营上的创新。20 世纪 60 年代，香港实业界人士很少进入淘沙业，因为它需要的劳力多，投资大，而获利相对较少。但霍英东从建筑业的广阔前景预见到淘沙业也必将有大发展，所以大胆地吃起了这只"螃蟹"。

1961 年年底，他花费巨款，从泰国进口了一艘大挖泥船，命名为"有荣四号"。香港经济起飞后，高楼大厦如雨后春笋纷纷拔地而起，对建筑材料黄沙的需求量极大，霍英东的淘沙船队因此财源滚滚，成了他的又一株"摇钱树"。

创新经营，说白了就是抛开束缚自己的惯有的思维模式，不迷信别人的想法，以自己独特的方式开创局面，以自己新颖的思维去博取自己的未来。

找到最能感动自己的音符

有一次，演技派电影明星达斯丁·霍夫曼为《毕业生》那部电影做宣传，碰巧与音乐大师史达温斯基在同处接受访问。主持人问史达温斯基，新曲首度公演时是否是一生当中最感到骄傲的时刻？功成名就、掌声四起？史达温斯基都一一加以否认。

最后，史达温斯基说："我坐在这里已经好几个小时了，这期间，我一直不断地在为我新曲中的一个音符绞尽脑汁，到底是'4'比较好，还是'6'比较好？当我最后发现众里寻

她千百度的那一个音符的一刹那，是我人生中最快乐、最骄傲的时刻！"

霍夫曼说，他被史达温斯基大师感动得当场流下了眼泪。

人生中最大的骄傲，不在于外来的掌声、名利和权势，而在于学习认识自己的潜能，对自己的言行负责，并在设定方向之后，不畏艰辛，不懈地追寻，一旦真正找到了最能感动自己灵魂的"那一个音符"，就能得到快乐，也就能取得成功。

第六篇

过刚则易折，舍弃一身的傲气

弯下身来

琳达小时候生活在一个比较富裕的家庭。由于是家里年纪最小的孩子，父母和哥哥们对琳达都特别宠爱，她养成了一种自以为是的习惯，认为一切都是理所当然的，不管什么事，都习惯用命令或大叫的方式来表达。

家里的仆人和亲戚都是言听计从，可琳达在跟社区的其他孩子相遇时却遇到了麻烦。她看到他们一群人玩着一个足球，不时兴奋地吆喝着。琳达按捺不住了，飞快地跑过去，用她最平常的语气喊道："喂，把球给我玩。"

他们谁都没听到，仍然你一脚、我一脚地踢着。

琳达有些不耐烦了，跺跺脚，冲进他们的队伍去抢球。

看到琳达过来，控制球的那男孩一脚把球踢了开去，另一个男孩接住了。琳达又向接球的男孩跑去，快到时，那男孩又一脚踢给了别人。周围的男孩也配合着大笑起来。琳达终于发现他们是故意捉弄她，于是十分生气，更加卖力地跑起来，想要把球夺过来。

过了不久，琳达明智地停住了。她一个人确实跑不过他们一群人，再跑下去，也是充当被捉弄的对象而已。

琳达一抹头上的汗珠，边骂边向家走去。这时她发现旁边的长椅上坐着一位老人，正笑呵呵地望着琳达。

他一定也看到了刚才的一幕，正嘲笑自己呢。琳达更生气了，为挽回面子，大步向他走去。

"喂，老头，你笑什么？"琳达盛气凌人地问他。

"我或许可以教你怎样将球夺过来。"老人回答，"不过你得先心平气和地坐下来听我讲故事。"

琳达咕噜了两句，一屁股坐在了老头旁边，看着他。

"有一次啊，太阳和风为争论谁最强大而吵起来了。"老人绘声绘色地讲开了。

"风先说：我们来比试比试吧。看到那个穿大衣的老头了吗？谁让他更快地脱掉大衣，谁就最强大。我先来。

"于是太阳躲在了一边，风朝着那老人呼呼地吹起来。风越吹越大，最后大到像一场飓风。可老人随着风的变大，反而把大衣裹得更紧了。

"风放弃了，它渐渐停了下来。这时，太阳出来了。它用温暖的微笑照在老人身上，不久，老人觉得热了，他脱掉了大衣。

"太阳对风说道：看到了吧，温暖和友善比暴力和粗鲁要强大得多。"

讲完故事，老人又笑了起来。他摸着琳达的头说："去跟那群孩子道歉，用另一种方式，就会得到你想要的。"

琳达向老人鞠了一躬，离开了。

柔能胜刚，如果小琳达能明白这一点，她将受益终身。

加拿大魁北克有一条南北走向的山谷。山谷没有什么特别之处，唯一能引人注意的是它的西坡长满松、柏等树，而东坡却只有雪松。这一奇异景色之谜，许多人不知所以，然而揭开这个谜的，竟是一对夫妇。

那年的冬天，这对夫妇的婚姻正濒于破裂的边缘，为了找回昔日的爱情，他们打算做一次浪漫之旅，如果能找回就继续生活，否则就友好分手。他们来到这个山谷的时候，下起了大雪，他们支起帐篷，望着满天飞舞的大雪，发现由于特殊的风向，东坡的雪总比西坡的大且密。不一会儿，雪松上就落了厚厚的一层雪。不过，当雪积到一定程度，雪松那富有弹性的枝丫就会向下弯曲，直到雪从枝上滑落。这样反复地积，反复地弯，反复地落，雪松完好无损。可其他的树，却因没有这个本领，树枝被压断了。妻子发现了这一景观，对丈夫说："东坡肯定也长过杂树，只是不会弯曲才被大雪摧毁了。"少顷，两人突然明白了什么，拥抱在一起。

做人不可无傲骨，但做事不可能总是昂着高贵的头。生活中我们承受着来自各方面的压力，积累着终将让我们难以承受。这时候，我们需要像雪松那样弯下身来，灵活应对。一种柔性的生存方式，是一种生活的艺术。

留人余地，就是给自己留余地

意大利艺术家米开朗基罗是举世闻名的雕塑家。他的被公认为最伟大的作品，是大理石雕刻的大卫像。各位可知道，当米开朗基罗刚雕好大卫像时，主管官员跑去看，竟然不满意。

"有什么地方不对吗？"米开朗基罗问。

"鼻子太大了！"那位官员说。

"是吗？"米开朗基罗站在雕像前看了看，大叫一声："可不是吗？鼻子是大了一点，我马上改。"说着就拿起工具爬上架子，叮叮当当地修饰起来。随着米开朗基罗的凿刀的舞动，掉下好多大理石粉，官员不得不躲开。

隔一会儿，米开朗基罗修好了，爬下架子，请那位官员再去检查："您看，现在可以了吧？"

官员看了看，高兴地说："是啊！好极了！这样才对啊！"

送走了官员，米开朗基罗先去洗手，为什么？因为他刚才只是偷偷抓了一小块大理石和一把石粉到上面做做样子，从头到尾，他都根本没有改动原来的雕刻。

各位想想：如果米开朗基罗不这样做，而跟那位官员争，会有这么好的结果吗？

在沟通的过程中，许多事情是抽象的。它不是一斤、一两，有个标准可以遵循，而常常是凭感觉。所以"感觉"在沟通中非常重要。常常当你主动让一步，对方的感觉好了，问题也就得到了解决。

该低头时莫抬头

隋炀帝杨广十分残暴凶戾，在他的压迫下，各地农民起义风起云涌，隋朝的许多官员也纷纷倒戈，转向农民起义军。因此，隋炀帝的疑心很重，对朝中大臣，尤其是外藩重臣，更是易起疑心。

唐国公李渊（即唐太祖）曾多次担任中央和地方官，他所到之处，都有目的地结交当地的英雄豪杰，多方树立恩德，因而声望很高，许多人都来归附他。这样，大家都替他担心，怕他遭到隋炀帝的猜忌。正在这时，隋炀帝下诏让李渊到他的行宫去晋见。李渊因病未能前往，隋炀帝很不高兴，对李渊多少有点猜疑之心。

当时，李渊的外甥女王氏是隋炀帝的妃子，隋炀帝向她问起李渊未来朝见的原因，王氏回答说是因为病了，隋炀帝又问道："会死吗？" 王氏把这消息传给了李渊，李渊更加谨慎起来，他知道隋炀帝已经对自己起疑心了，但过早起事又力量不足，只好低头隐忍，等待时机。于是，他故意广纳贿赂，败坏自己的名声，整天沉湎于声色犬马之中，而且大肆张扬。隋炀帝听到这些，果然放松了对他的警惕。

试想，如果当初李渊不主动低头，或者头低得稍微有点勉强，很可能就被正猜疑他的隋炀帝杨广除掉了，哪里还会有后来的太原起兵和大唐帝国的建立？

"一定要低头" 的目的，是为了让自己与当时的环境有和谐的关系，把二者的摩擦降至最低，是为了保存自己的能量，以便走更长远的路，更是为了把不利的环境转化成对自己有利的力量。这是一种柔软，是一种权变，更是最高明的生存智慧。

敬人者人恒敬之

豪华·哲斯顿被公认为是魔术师中的魔术师。40 年间，他游走在世界各地，一再地创造幻觉，所有观众都被他神奇的表演所深深吸引。共有 6000 万人买票去看过他的表演，而他赚

了几乎千百万美元的利润。

豪华·哲斯顿最后一次在百老汇上台的时候，卡耐基花了一个晚上待在他的化妆室里，想请哲斯顿先生告诉他成功的秘诀。哲斯顿告诉卡耐基，关于魔术手法的书已经有好几百本，而且有几十个人跟他懂得一样多，因此，他的成功并不是因为他的魔术手法与众不同。

但他有两样东西，是其他人所没有的。第一，他能在舞台上把他的个性显现出来。他是一个表演大师，了解人类天性。他的每一个手势、每一个语气、每一个眉毛上扬的动作，都事先很仔细地练习过，而他的动作也配合得分秒不差。第二，就是他十分理解并尊重观众。他告诉卡耐基，许多魔术师会看着观众对自己说："坐在底下的那些人是一群傻子、一群笨蛋。我可以把他们骗得团团转。"但哲斯顿的方式完全不同。他每次一走上台，就对自己说："我很感激，因为这些人来看我表演。我要把我最高明的手法，表演给他们看。"

他说，他没有一次在走上台时，不是一再地对自己说："我爱我的观众。"

没有尊重的交往是不可能持续下去的，只有相互理解、相互尊重，才能相互认可，体验对方的心情，让对方乐于接受。

取得以柔克刚的效果

富弼是北宋仁宗时的宰相，字彦同。因为其大度，上至仁宗，下至文武官员都称他品行优良。

富弼年轻的时候，因聪明伶俐，巧舌如簧，常常在无意之间得罪一些人，事后，他自己也深为不安。经过长时期的自省，他的性格逐渐变得宽厚谦和。所以，当有人告诉他某某在说他的坏话时，他总是笑着回答："你听错了吧，他怎么会随便说我呢？"

一次，一个穷秀才想当众羞辱富弼，便在街心拦住他道："听说你博学多识，我想请教你一个问题。"富弼知道来者不善，但也不能不理会，只好答应了。

众人见富才子被人拦在街上，都涌过来看热闹。

秀才问富弼："请问，欲正其心必先诚其意，所谓诚意即毋自欺也，是即为是，非即为非。如果有人骂你，你会怎样？"富弼想了想，答道："我会装作没有听见。"秀才哈哈笑道："竟然有人说你熟读四书，通晓五经，原来纯属虚妄，富彦同不过如此啊！"说完，大笑而去。

富弼的仆人埋怨主人道："您真是难以理解，这么简单的

问题我都可以对上，怎么您却装作不知呢？"

富弼说道："此人乃轻狂之士，若与他以理辩论，必会言辞激烈，气氛紧张，无论谁把谁驳得哑口无言，都是口服心不服；书生心胸狭窄，必会记仇，这是徒劳无益的事，又何必争呢？"仆人却始终不理解自己的主人为何如此胆小怕事。

几天后，那秀才在街上又遇见了富弼。富弼主动上前打招呼。秀才不理，扭头而去；走了不远，又回头看着富弼大声讥讽道：

"富彦同乃一乌龟耳！"

有人告诉富弼那个秀才在骂他。

"是骂别人吧！"富弼说。

"他指名道姓骂你，怎么会是骂别人呢？"

"天下难道就没有同名同姓之人吗？"

他边说边走，丝毫不理会秀才的辱骂。秀才见无趣，低着头走开了。

要在为人处世中减少被别人伤害，就必须学会忍耐。忍耐是我们人生过程中，任何人都要经受的最困难的一件事。一旦你忍耐的功夫练就得炉火纯青，就能取得以柔克刚的效果。

162

骄横跋扈，自食其果

清朝的年羹尧早期仕途一路顺畅，1700 年考中进士，入朝做官，升迁很快，不到 10 年已成为重要的地方大员——四川省长官。这个时期是清朝西北边疆多战事的时期。当时康熙重用年羹尧，就是希望他能平定与四川接近的西藏、青海等地的叛乱。年羹尧也没有让康熙失望。

在 1718 年参与平定西藏叛乱的过程中，年羹尧表现出了非凡的才干。他当时负责清军的后勤保障工作，他熟悉西藏边疆的情况，与清军中满族、汉族将领的关系都很不错；虽然运送粮饷的道路十分艰险，但是在年羹尧的努力下，清朝大军的粮饷供应始终是充足的，从而为取胜创造了条件。因此，第二年年羹尧就被康熙皇帝晋升为四川、陕西两省的长官，成为清朝在西北最重要的官员。

这一年 9 月，青海地区又出现叛乱。这一次朝廷任命年羹尧为主帅前去镇压。出兵前，年羹尧突然下令："明天出发前，每个士兵都必须带上一块木板，一束干草。"将士们都不明白这是为什么，又不敢问。第二天进入青海境内，遇到了大面积的沼泽地，队伍难以通过，这时年羹尧下令将干草扔进沼泽泥

坑中，上面铺上木板，这样，军队就顺利而快速地通过了沼泽。这沼泽本是反叛军队依赖的一大天险，认为清军不可能穿过沼泽，哪想到突然之间年羹尧的大军已经出现在他们面前，一时惊慌失措，很快就被打败了。

又一次，夜晚宿营，半夜时突然一阵风从西边吹来，很快便停了。年羹尧发觉后立刻叫来手下将军，命令他带几百名精锐骑兵，飞速赶往军营西南的密林中捕杀埋伏的敌人。手下来不及多想，带上兵马就去了，果然在密林中发现埋伏的敌人，便将他们全部歼灭了。手下人百思不得其解，问他是如何知道密林中有伏兵，年羹尧笑笑说："那风一阵子就突然没了，应该不是风而是鸟飞过的声音。半夜鸟不应该飞出来，一定是受到了人的惊吓。西南 10 里外密林中鸟很多，所以我料定敌人在那里埋伏。"手下人听了不由暗暗起敬。年羹尧之多谋善断、能征善战可见一斑。

由于年羹尧从小曾在雍正家里待过，因而一直视雍正为他的主人，而雍正能成为皇帝，年羹尧也立下过汗马功劳，因而即位后的雍正更加信任年羹尧。西北地区的军事民政全部由年羹尧一人负责，在官员任命上雍正也常听年羹尧的意见。雍正不仅对年羹尧本人十分照顾，而且对他全家也很关照，年家大大小小基本都受过雍正的封赏。但是，随着权力的日益扩大，年羹尧以功臣自居，变得目中无人。一次他回北京，京城的王公大臣都到郊外去迎接他，他对这些人看都不看，显得很无礼。他对雍正有时也不恭敬，一次在军中接到雍正的诏令，按理应摆上香案跪下接令，但他就随便一接了事，令雍正很气愤。此外，他还大肆接受贿赂，随便任用官员，扰乱了国家秩序。他一出门威风凛凛不算，他家一个教书先生回江苏老家一趟，江苏省级长官都要到郊外去迎接。雍正渐渐对他忍无可忍。

1726 年初，年羹尧给雍正进贺词时，竟把话写错，赞扬的语言成了诅咒的话，雍正便以此为借口，抓了年羹尧，此后又罗列了他多条罪状，将他彻底打倒。最后雍正令年羹尧自杀了。

应该学会与世无争的宽容，功成而不倨傲的品德，而这也正是大道的德操。这与许多人在取得成就时，只知道夸耀自己的努力是有显著不同的，那样的人很容易为自己招致祸患。

君子不掠人之美

齐景公得了肾病，虽然不是很严重，但已经十几天卧床不起了。这天晚上，他突然梦见自己与两个太阳搏斗，结果败下阵来，惊醒后竟吓出了一身冷汗。

第二天，晏子来拜见齐景公。齐景公不无担心地问晏子：

"我昨夜梦见与两个太阳搏斗，我却败了，这是不是我要死了的先兆呢？"晏子想了想，就建议齐景公找一个占梦人进宫，先听听他是如何圆这个梦的，然后再做道理。齐景公于是委托晏子去办这件事。

晏子出宫以后，立即派人用车将一个占梦人请来，占梦人问："您召我来有什么事呢？"晏子遂将齐景公做梦的情景及其担忧告诉了占梦人，并请他进宫为之圆梦。占梦人对晏子说："那我就反其意对大王进行解释，您看可以吗？"晏子连忙摇头说："那倒不必。因为大王所患的肾病属阴，而梦中的双日属阳。一阴不能战胜二阳，所以这个梦正好说明大王的肾病就要痊愈了。你进宫后，只要照这样直说就行了。"

占梦人进宫以后，齐景公问道："我梦见自己与两个太阳搏斗却不能取胜，这是不是预兆我要死了呢？"占梦人按照晏子的指点回答说："您所患的肾病属阴，而双日属阳，一阴当然难敌二阳，这个梦说明您的病很快就会好了。"

齐景公听后，不觉大喜。由于放下了思想包袱，加之合理用药和改善饮食，不出数日，果然病就好了。为此，他决定重赏占梦人，可是占梦人却对齐景公说："这不是我的功劳，是晏子教我这样说的。"齐景公决定重赏晏子，而晏子则说："我的话只有由占梦人来讲，才有效果；如果是我直接来说，大王一定不肯相信。所以，这件事应该是占梦人的功劳，而不能记在我的名下。"

最后，齐景公同时重赏了晏子和占梦人，并且赞叹道：

"晏子不与人争功，占梦人也不隐瞒别人的智慧，这都是君子所应具备的可贵品质啊。"

在名和利面前，我们需要一种平和的心态，既不夺人之功，也不掠人之美，真诚谦让，这种君子之风值得我们效法与发扬。

与人方便才能与己方便

不给他人方便的人，自己也难有好的结果，不爱人等于不爱己。关心身边的人，你才不会被生活抛弃。

人们常听到这样一句话：与人方便，与己方便。是的，我们的生活中如果没有了关怀和爱心，人们就无法和睦相处。有时候，我们必须为他人的利益想想。

人与人之间需要相互帮助和高姿态，缺少这两样什么事也干不了。不要斤斤计较、小题大做，在给对方设一道门的时候，其实也把自己堵在了门外。

两个人在一架独木桥中间相遇了，桥很窄只能容一个人通过。

二人都想着让对方给自己让路。

一个人说："我有急事，你让我先过。"

另一个人说："我们谁也不愿让，那就同时侧身过桥。"

第一个人一想也对。于是，二人就侧过身子脸贴脸地过桥。

这时一个人暗暗推了另一个人一把，另一个人在挣扎中抓住了他，两人同时掉进了水里。

构建平和的心境，设身处地给予他人方便，这也是自己得到方便的根源。

我们生活在一个复杂而庞大的社会体系之中，每个人都不可避免地会受到他人的影响，同时也影响着他人，没有人可以脱离群体而单独存在。充分发挥自己的能量，在你温暖别人的同时，别人也会对你感恩，并向你敞开一扇方便之门。这样，人与人之间的关系会更加和谐，世界也会因此而更加美好。

从自己的身上找原因

每日三省吾身，凡事多从自己身上找原因，不要老怀疑别人有问题。

有位女士养了一只珍贵的鹦鹉，非常可爱美丽，但是它却有一个怪毛病，常常咳嗽，而且声音混浊难听，喉咙里好像塞满了令人作呕的痰。女主人十分焦虑，急忙带它去看兽医，唯恐它患上了呼吸系统的疾病。

不料，检查结果鹦鹉完全健康，没有毛病。问题出在女主人身上，因为她抽烟，所以经常咳嗽，这只鹦鹉只是惟妙惟肖地把主人的声音模仿得以假乱真罢了。那女主人顿时醒悟，立即戒了烟。

在我们生活的集体中，经常会遇到一些让人"看不惯"的事情，怎么想都觉得别扭。其实很多时候，问题并不是出在对方的身上，而是我们没有放弃自我的偏见，只要多从自己的身上找找原因，生活中也就会少了很多"不习惯"。

以合作求生存

人虽然是独立的个体，但却不是每一件事都能够独立去完成。不会与别人合作的人，就等于把自己送进地狱的大门。

有一个人被带去观赏天堂和地狱，以便比较之后能聪明地选择他的归宿。他先去看了魔鬼掌管的地狱。第一眼看去令人十分吃惊，因为所有的人都坐在酒桌旁，桌上摆满了各种佳肴，包括肉、水果、蔬菜。

　　然而，当他仔细看那些人时，他发现没有一张笑脸，也没有伴随盛宴的音乐或狂欢的迹象。坐在桌子旁边的人看起来沉闷，无精打采，而且皮包骨。这个人发现那些人每人的左臂都捆着一把叉，右臂捆着一把刀，刀和叉都有4尺长的柄，无法把食物送进自己嘴里。所以，即使每一样食物都在他们手边，结果还是吃不到，一直在挨饿。

　　然后他又去天堂，景象完全一样：同样的食物、刀、叉与那些4尺长的柄，然而，天堂里的人却都在唱歌、欢笑。这位参观者困惑了，为什么情况相同，结果却如此不同。在地狱的人都挨饿而且可怜，可是在天堂的人吃得很好而且很快乐。最后，他终于看到了答案：地狱里每一个人都试图喂自己，可是一刀一叉以及4尺长的柄根本不可能吃到东西；天堂上的每一个人都是喂对面的人，而且也被对面的人所喂，因为相互合作，他们既达到了各自的目的，又能生活得相当快乐。

　　合作是我们赖以生存的手段，也是社会发展的趋势和必然。合作可以弥补我们的不足，提高我们的办事效率。在合作中，我们创造了一种"我为人人，人人为我"的生存状态，让每个人都在互相帮助的过程中达到自己的目的，实现自己的价值。也正是因为合作精神的存在，我们才能创造出和谐美满的天堂式的生活。

心灵的抚慰

物质上的帮助只能让人痛快一时，只有心灵上的帮助才会使人幸福一生。有时候，只是一句贴心的话语，就能够温暖别人，帮助别人渡过难关。

很久以前，有一个小男孩，他非常地自卑。因为他的背上有着两道非常明显的疤痕。这两道疤痕，就像是两道暗红色的裂痕，从他的颈子一直延伸到腰部，上面布满了扭曲鲜红的肌肉。所以这个小男孩非常地讨厌他自己，非常害怕换衣服，尤其不愿上体育课。

可是，时间久了，还是被其他小朋友发现了他背上的疤，"好可怕喔！""怪物！""不跟你玩了！""你是怪物！""你的背上好恐怖……"天真的小朋友们无心的话往往最伤人，小男孩哭着跑出教室。从此以后，他再也不敢在教室里换衣服，再也不上体育课了。

这件事发生以后，小男孩的妈妈特地牵着他的手，去找班

主任老师。小男孩的班主任老师是一个40多岁、很慈祥的女老师，她仔细地听着妈妈说起小男孩的故事："这孩子在刚出生的时候，就生了重病，当时本来想放弃的，可是又不忍心，一个这么可爱的生命好不容易诞生了，怎么可以轻易地结束掉？"

妈妈说着说着，眼睛就红了，"所以我跟我老公决定把孩子给救活，幸好当时有位很高明的大夫愿意尝试用动手术的方式挽救这条小生命，经过几次手术好不容易他的命留下来了，可是他的背部，也留下这两条清楚的疤痕……"

妈妈转头吩咐小男孩："来，把背部掀给老师看……"

小男孩迟疑了一下，还是脱下了上衣，让老师看清楚这两道恐怖的痕迹，也曾是他生命奋斗的证明，老师讶异地看着这两道疤，有点心疼地问。

"还会痛吗？"

小男孩摇摇头，回答："不会了……"

妈妈双眼泛红，说："这个孩子真的很乖，他的生命已经很辛苦了，现在又给他这两道疤，老师，请您多照顾他，好不好？"

老师点点头，轻轻摸着小男孩的头，说："我知道，我一定会想办法的。"此时老师心里不断地思考，要限制小朋友不准取笑小男孩，只能治标，不能治本，小男孩一定还会继续自卑下去的……一定要想个好办法。

突然，她脑海灵光一闪，摸了摸小男孩的头，对他说：

"明天的体育课，你一定要跟大家一起换衣服喔。"

"可是……他们又会笑我……说……说我是怪物……"小男孩眼睛里晶莹的泪水滚来滚去。

"放心，老师有法子，没有人会笑你。"

"真的？"

"真的！相不相信老师？"

"……相信……"

"那钩钩手。"老师伸出了小拇指，小男孩也毫不犹豫地伸出他小小的右手。

"我相信老师……"

第二天的体育课很快就到了，小男孩怯生生地躲在角落里，脱下了他的上衣，果然不出所料，所有的小朋友又露出了讶异和厌恶的声音："好恶心喔……"

"他的背上长了两只大虫……"

"好可怕，恶心……"

小男孩双眼睁得大大的，眼泪已经不听话地流了下来。

"我……我才不……不恶心……"

这时候，教室门却突然被打开，老师出现了。

几个同学马上跑到了老师面前说："老师你看他的背好可怕，好像两只超大的虫。"

老师没有说话，只是慢慢地走向小男孩，然后露出诧异的表情。

"这不是虫喔。"老师眯着眼睛，很专注地看着小男孩的

背部。

"老师以前听过一个故事，大家想不想听？"

小朋友最爱听故事了，连忙围了过来，"要听！老师我要听！"

老师指着小男孩背上那两条显眼的深红疤痕，说道："这是一个传说，每个小朋友都是天上的天使变成的，有的天使变成小孩的时候很快就把他们美丽的翅膀脱下来了，有的小天使动作比较慢，来不及脱下他们的翅膀。"

"这时候，那些天使变成的小孩子，就会在背上留下这样两道痕迹。"

"哇！"小朋友发出惊叹的声音，"那这是天使的翅膀？"

"对啊，"老师露出神秘的微笑，"大家要不要检查一下对方，还有没有人的翅膀像他一样，没有完全掉下来的？"

所有小朋友听老师这样说，马上七手八脚地检查对方的背，可是，没有人像小男孩一样，有这么清楚的痕迹。

"老师，我这里有一点点伤痕，是不是？"一个戴眼镜的小孩兴奋地举手。

"老师他才不是，我这里也有红红的，我才是天使……"

突然，一个小女孩轻轻地说："老师，我们可不可以摸摸看，小天使的翅膀？"

"这要问小天使肯不肯。"老师微笑地向小男孩眨眨眼睛。

小男孩鼓起勇气，羞怯地说："……好。"

女孩轻轻地摸了他背上的伤痕，高兴地叫了起来："哇，好软，我摸到天使的翅膀了！"

女孩这么一喊，所有的小朋友像发疯似的，每个人都大喊："我也要摸！""我也要摸天使的翅膀！"

一节体育课，一幅奇特的景象，教室里几十个小朋友排成长长的一排队伍，等着摸小男孩的背。小男孩背对着大家，听着每个人的赞叹声，羡慕的啧啧声，还有抚摸时那种奇异的麻痒感觉。他的心里，不再难过了，小男孩脸上的泪痕还没干，却已经露出了久违的笑容。一旁的老师，偷偷地对小男孩比画出胜利的手势，小男孩忍不住咯咯地笑了起来。后来，这小男孩渐渐长大，并勇敢地选择了游泳作为职业。

对人最好的帮助莫过于心灵上的帮助，因为只有心灵的抚慰才会给人以巨大的精神能量，增强一个人的自信心。心灵的帮助，并不一定需要你付出太多的东西，你只要能以一颗充满了善意和理解的心灵来对待别人，就足以让对方感受到生活的温暖。

交友的艺术

与朋友平等相处，有往有来，互相帮助是必要的，但是，要摆脱对朋友的依赖，也不要事事替朋友操心，拿主意。

黛博拉坐在客厅里，紧握着拳头气愤地说："我永远也改不了，我一错再错！"

黛博拉所指的是她一次又一次地听从她的朋友嘉莉劝她做这做那。这一回，她听了嘉莉的意见，把她的厨房糊上一层最新式的红白条墙纸。"我们一块去商店选中了这种墙纸，因为嘉莉喜欢这一种，说这墙纸能使整个房间活跃起来。我听了她的话。而现在，是我在这个蜡烛条式的牢房里做饭。我讨厌它！我怎么也不习惯。"她感到，这一折腾既花费了钱，又一时无法改变。

黛博拉意识到自己不仅是对选墙纸一事愤怒，而且气愤自己又受了嘉莉意志的摆布。

同样也是嘉莉，说黛博拉的儿子太胖了，劝她叫儿子节食。她还说她的房子太小，使她为此又花了一笔钱。

黛博拉问题的关键在于学会尊重自己的意见。过去她的意见总要事先受嘉莉的审查或者某个类似嘉莉的人物的审查。后来她有了进步，尽管嘉莉说那双鞋的跟"太高，价也太贵"，她还是买了那双高跟鞋。黛博拉回忆说："我差点又让她说服了。但我还是买了，因为我喜欢，您可以想象当时嘉莉的脸色多难看！"最有趣的是，最后嘉莉自己也买了一双同样的鞋，因为鞋样很时髦。

黛博拉现在所做的调整只是与另一个女人的关系的界限。她仍然把嘉莉当作好朋友。

并不是每个人都有类似的朋友，在特殊情况下，有的人愿意受朋友的控制，是因为他缺乏主见，产生了对朋友的依赖，而过分地依赖会让朋友产生反感。

苏珊是位年轻妇女，她愿意让一位朋友摆布她的生活。与黛博拉不同的是，苏珊却是主动要求受控制。当她的垃圾处理装置出毛病后，她给好朋友玛莎打电话，问她怎么办。订阅的杂志期满后，她也去问玛莎是否再继续订。有时她不知晚饭该吃什么时，也给玛莎挂电话问她的意见。玛莎一直像个称职的母亲一样，直到有一天出了乱子。那天，玛莎的一个儿子摔了一跤，衣袖给划了个口子，需要缝针。苏珊又打电话问问题了，由于非常疲倦，玛莎严厉地说道："天哪！看在上帝的分上，苏珊，您就不能自己想想办法？就这一次！"说完就挂了电话。

苏珊对玛莎的拒绝使她感到迷惑不解，她说："我还以为玛莎是我的朋友呢。"

　　过分地依赖会损害你和朋友的关系，而且是双方的，朋友并非父母，他们没有指导和保护你的义务，他们能给你支持，但不可能包办代替，你必须清楚，他只不过是朋友而已。你自己不能做决定，缺乏主见，就会使你受到朋友正确或错误的意见的影响。为此，你应该立刻决定，摆脱对朋友的依赖。

　　朋友是人生的宝贵财富，要想与朋友保持良好的交情就必须掌握一定的交友艺术。朋友和你的关系是平等的，互助的，不要把朋友当成你的衣食父母，事事寻求依赖，那样只会让朋友认为你是一个缺乏主见的人，而对你产生反感；也不要事事为朋友操心，将自己的意见强加给对方，两个太相似的人注定不会有太大的吸引力，正是因为有了差异，才有了交往的兴趣。以一种平衡的心态对待自己的朋友，只有这样，你们的友谊才会地久天长。

维护别人的尊严

时刻注意维护别人的尊严，才能减少自己丢脸的机会。

杰克·韦尔奇就任美国通用电气公司总裁的时候，通用电气公司正面临着一项需要慎重处理的工作：免除查尔斯·史坦恩梅兹担任的计算部门的主管职务。

史坦恩梅兹在电气方面是个天才，但担任计算部门主管却遭到彻底的失败。不过，公司却不敢冒犯他，因为公司当时还绝对少不了他这样的人才。

于是，杰克·韦尔奇亲自出马。一天，他把史坦恩梅兹叫到他的办公室，对他说："史坦恩梅兹先生，现在有一个通用电气公司顾问工程师的职务，你看这项职务由你来担任如何？我暂时还找不到合适的人来担任这项职务。"

史坦恩梅兹一听，十分高兴："没问题，只要是公司决定的，我就乐意接受。"

对这一调动，史坦恩梅兹十分高兴。他知道，换职务的原因是公司觉得他担任部门主管不称职。但他对杰克·韦尔奇处理这一问题的方式颇感满意。

通用公司的高级人员也很高兴。杰克·韦尔奇巧妙地调动

了这位最暴躁的大牌明星的工作，而且杰克·韦尔奇的做法并没有引起一场大风暴——因为他让史坦恩梅兹保住了尊严。

人人都很爱惜自己的尊严。因为这不仅仅是脸面，更是自尊，所以一定要学会维护别人的尊严，这样，不但能够令对方心存感激，还能够巧妙地维护自己的立场，营造有利的局面。人与人之间的关系正是在这种相互照应的过程中才真正得以升华的。

少说多听

人之所以有一张嘴，两只耳朵，原因是听的要比说的多一倍。

乌顿在纽约的一家百货商店买了一套衣服。可这套衣服穿上却很令人失望：上衣褪色，把他的衬衫领子都弄黑了。不得已他又来到该商店，找卖给他衣服的店员，告诉他们事情的情形。乌顿想诉说此事的经过，却被店员打断了。店员一再声称：他们已经卖出了数千套这种服装，乌顿是第一个来挑剔的人。正在乌顿和店员激烈争论的时候，另一个店员也加入了，他说所有黑色衣服都要褪一点颜色，并强调这种价钱的衣服就是如此。

当时，乌顿听到这些，简直气得冒火，店员不仅怀疑他的诚实，而且还暗示他买的是便宜货。乌顿恼怒起来，正要骂他们，正好经理走过来了。他懂得他的职责，正是他使乌顿的态度完全改变了。

他先静静地听乌顿讲述了事情的经过。当乌顿说完时，店员们又开始插话表明他们的意见。而此时经理却站在乌顿的立场与他们辩论。他不仅指出乌顿的衬衣领子是明显地被衣服所污染，并坚持说，不能使人满意的东西就不应在店里出售。他承认自己不知衣服褪色的原因，并请乌顿提出他的要求。

就在几分钟前，乌顿还预备要店员留起那套可恶的衣服，但现在却决定听取经理的意见。经理建议乌顿再试穿一周，如果到时仍不满意，就来换，并向乌顿道歉。乌顿非常满意地走出了该商店，一周后这衣服没有毛病，乌顿对那商店的信任又完全恢复了。

从人性的本质来看，每个人最关心的都是自己。在任何时候都要做一个善于静听的人，鼓励别人多谈论自己。这样，不但能够让你得到对方的信任和喜欢，还能够让你更清楚地了解对方，认清自己，何乐而不为呢？

站在别人的立场上

有些时候，我们很难用简单的对与错来衡量某一事情。看问题的角度不一样，结果也就不一样。当一个人面对严重的难题时，如果他能够从别人的角度来看待事情，原本疑惑不解的问题可能就变得豁然开朗了。

伊丽莎白·洛亚科是澳大利亚人，她用分期付款的方式买了一部车子。由于种种原因，她已有6周没有按合同交款了。一个星期五的上午，负责洛亚科买车付款账户的一名男子在电话中愤怒地告诉她，如果下周一上午不把钱交上的话，他们将采取进一步的行动。刚好是周末，洛亚科没有筹到钱。于是，这名男子星期一在给洛亚科的电话里说了更多难听的话。当时洛亚科先真诚地道歉，说真是给他带来了很大的麻烦，而且因为自己已6周未付款，一定是客户中最让他头疼的。这名男子听了洛亚科这一番话后改变了态度，说洛亚科并不是最让他烦心的，并且还举了几个例子来说明。他说有一客户经常撒谎，有心躲着不见，还有的非常不讲理。洛亚科没有说话，只是静静地听，让他把心中的不快都说出来。

最后，还没等洛亚科提什么要求，这名男子就主动说，如果洛亚科不能马上交还欠的钱，也可以。只要洛亚科在本月底先付给他 20 美元，然后，在她方便的时候再把其余的钱交给他就可以了。

如果我们做任何事情的时候，都能按照对方的观点去想，站在他人的立场上看事，这就足够成为我们一生中一个新的里程碑。在与人交往的过程中，也能够缓解压力，得到对方的认可和信赖，并拥有良好的人际关系。

能屈能伸

真正高明的人，既坚持自己的原则，又懂得必要的妥协，常常能够使事情的结果朝着自己预期的方向发展。

生铁经过好几轮在火中灼烧、打造、淬火，终于变成了钢，最后被制成一把锋利的剑。在一边堆放的炭对剑说："你只要人用一只小拇指就可以将你卷起，被称为'绕指柔'；但依然可以'削金断铁'，吹一口气就可以将毛发削断。这是为什么？"剑谦虚地说："我的根基来自生铁啊，好剑取自好钢，

好钢来自生铁。生铁比较接近天然，硬度也不小，但好的剑并不是越硬越好，俗话说'至刚则易摧'，只有经历锤炼，才能变成像我这样能屈能伸的模样。"

人的成长过程也像是铸剑的过程，在反复地锤炼中磨砺自己的品格，每经历一次痛苦的蜕变，就等于进行一次人格的升华。剑的刚正，就如同做人的根本，剑的柔和，就如同适当的妥协，二者的有机结合，让我们在坚持原则的同时做到能屈能伸，从而在纷繁复杂的社会中拥有自己的一席之地。

从对方的观点开始

人的思维具有惯性，当我们朝一个方向思考问题时，就会倾向于一直考虑下去。所以，当我们希望别人同意自己的意见时，要从对方所同意的观点开始。

哈理·奥维基博士认为，"不"的反应是最难克服的观点。他指出一个人开始说"不"字后，就形成了一道心理防线。人类本性的自尊会迫使你继续坚持下去。即使你已意识到自己的错误，但也很难放弃自尊，而是继续固执下去。所以，在开始谈话时，最关键的是先说一些对方认可的事情，这样对方就不会那么抵触自己。这就像撞球一样，顺着球的方向打，更容易进球；要它弹回来，就要花费更大的力气。

纽约市格林尼治储蓄银行的职员詹姆士·爱伯森就曾经从对方的观点入手，为自己留住了一个客户。

有个年轻人在爱伯森供职的银行开了个账户，爱伯森让他填写一份例行的表格，但他却拒绝填写表格上某些方面的资料。如果爱伯森不懂得这个技巧，一定会像以前那样告诉他，如果他拒绝填表格中的任何一项，按银行规定，是不能给他开户的。

那天，爱伯森决定不谈银行的规定，决定用让他说"是"的方法来按要求填写资料。于是爱伯森问他：假设在你去世的时候，银行是否有责任把这些钱转到你的继承亲友那里呢？他做了肯定的回答。爱伯森继续说，如果银行知道了你最亲近的亲属的名字，是不是很方便呢？如果你去世了，银行就能迅速及时准确地找到他了，对吗？对方又做了肯定的回答。

这时，年轻人的态度已经缓和下来，因为他知道了表格中的这些资料，并不是为银行而留，而是为了个人的利益。最后，他不仅填完了表格，而且在爱伯森的建议下，另开了一个账户，并指定了他的母亲为法定受益人。当然他很配合地回答了他母亲的所有资料。

当我们与别人讨论问题的时候，从对方的观点开始，能够迅速拉近彼此的距离，得到对方的接纳和认可，从而轻松地解决问题，达成共识。反之，如果一开始就是争执，那么在紧张而抵触的情绪当中，则很难达到自己的目标。

曲径可通幽，舍弃无所谓的固执

撞到南墙须回头

　　张萍今年 34 岁，专科毕业后，在一家建筑设计院做资料员。院领导多次找她谈话，暗示她这只是暂时的，希望她不要有压力，要多钻研业务，院里缺的是设计精英，根本不缺资料员，只要她能表现出自己的实力，一有机会就马上将她调出资料室。

　　可是张萍不这么看，她觉得自己之所以受到"冷遇"，其实是别人觉得她文凭太低，于是她从当资料员那天起，就厌烦这个工作，因为这离她的理想太远。她想做设计工程师，可是她设计的几个工程，无一例外地都被否定了。她很虚荣，总想在设计院出人头地，看走业务这条路不行，她就想在学历上高人一头，于是一心想考研究生，甚至还规划好了研究生读完再读博士。

　　可是现实与理想之间毕竟是有着很大差距的，由于底子太差，张萍连续考了 3 年都没有考上研究生。但是她权衡来权衡去，觉得还是应该先把硕士学位拿下来再搞业务比较好。她觉得，反正自己已经是设计院的人了，搞专业什么时候都可以，就算再来新人也得在她后面吧，否则自己的专科文凭将使自己在设计院抬不起头来。

终于有一天，院长非常客气地找她谈话，委婉地表示：设计院虽然有很多人，但每个人在各自领域中都必须具有自己的贡献和不可替代性，可是她却一点也没有，没有哪个单位能够容忍一个出工不出力的员工，所以她从现在起待岗了。

在今天竞争激烈的职场上，张萍为自己不切实际的"志向"付出了巨大的代价，她曾是那样地喜欢设计院，喜欢这个职业，别人也给了她这个机会。但不幸的是，她没有把它做好。她的失误就在于她没有及时放弃自己所谓的"志向"，而是不识时务地"一条道走到黑"。

自古以来，我们就提倡做任何事情都必须有坚毅的品格和坚强的意志，应该具有锲而不舍的精神，即使撞到南墙也不要回头。但是，我们在具体工作中还是应当进出有度，不拘一格，这样才会合时宜，才符合社会和自然千变万化的意志，也只有如此才能够离成功越来越近。

柳暗花明之外的收获

日常生活中，我们总是喜欢朝着自己既定的目标奋力拼搏，但却不是每个人的愿望和理想都能实现。那些搏击一世却

未获成功的人，会不会是因为他生命中真正精华的部分被自以为"不是最好的"，而从未得以展示呢？

赵明是华东师范大学的年轻教授。刚刚结婚，他妻子就患了类风湿性关节炎卧床不起。女儿出生后，妻子的病情更加重了。面对常年卧病在床的妻子、刚刚满月的女儿，事业上刚刚起步的赵明一筹莫展、心事重重。

一天，他看着怀中的女儿，突然想到，能不能把自己的研究方向定在儿童语言的研究上来？从此，妻子成了他最佳的合作伙伴，可爱的女儿成了最好的研究对象。家里处处都是纸片和铅笔，女儿一发音，他们立刻作下记录，同时每周一次用录音机记录下文字难以描述的声音。就这样6年如一日，转眼到了女儿上学的时候，他和妻子开创了一项世界纪录：掌握了从出生到6岁之间儿童语言发展的规律，而国外此项研究记录最长的只到3岁。赵明接着把自己的研究成果编辑成书出版发行，在国内外的语言界引起了巨大的反响。赵明也因此成为儿童语言研究方面知名的专家。

确实，很多时候，埋没天才的不是别人，恰恰是自己。失之东隅，收之桑榆。条条大道通罗马。成功的路不止一条，不要循规蹈矩，更不要放弃成功的信心，既然此路不通，就不要非拴死在这一棵树上。换条路试试，也许成功就在不远处。

有一种鱼，长得很漂亮，银鳞燕尾大眼睛，平时生活在深海中，春夏之交溯流产卵，顺着海潮漂游到浅海。渔民捕捉它的方法挺简单：用一个孔目粗疏的竹帘，下端系上铁块，放入水中，由两只小艇拖着，拦截鱼群。这种鱼的"个性"很强，不爱转弯，即使闯入罗网之中也不会停止。所以一只只"前赴后继"地陷入竹帘孔中，帘孔随之紧缩。竹帘缩得越紧，它们越愤怒，越加拼命往前冲，结果都被牢牢卡死，最终被渔民所捕获。

人类又何尝不是如此，我们总喜欢给自己加上负荷，轻易不肯放下，自诩为"执着"，我们执着于名与利，执着于一份痛苦的爱，执着于幻想的美梦，执着于空想的追求。数年光阴逝去之后，我们才枉自嗟叹于人生的无为与空虚。我们常常自我勉励："我想当科学家"，"我一定要得到诺贝尔文学奖"……可是很多时候，这些理想与追求反而成为了我们的一种负担，好像冥冥之中有人举着鞭子驱逐着我们去追求一些我们可能永远也追求不上的东西。

在现实生活当中，我们常常因为不能放弃、不肯放手，而不得不面对许多无奈的痛苦，其实这些让我们身陷其中不可自拔的困境，貌似无法解脱，实际上在我们懂得了放弃的艺术之后，一切都会变得豁然开朗了。

执着未必是好事

    执着是寻求解脱的禁忌，古来如此。难怪六祖惠能的《坛经》上说——"善知识，内外不住，去来自由，能除执心，通达无碍，能修此行，与般若经本无差别。"

    执着或许在某些时候能够产生积极的效应，然而在大多数情况下执着未必是件好事。唐代著名的高僧寒山禅师所做过的《蒸砂拟作饭》的诗偈，正含此义——

    蒸砂拟作饭，临渴始掘井。

    用力磨碌砖，那堪将作镜。

    佛说元平等，总有真如性。

    但自审思量，不用闲争竞。

    寒山禅师的这首诗偈与"磨砖成镜"这一公案的禅理相同——

    唐开元中，有沙门道一住传法院，常日坐禅，师知是法器，往问曰："大德坐禅图什么？"

一曰："图作佛。"

师乃取一砖于彼庵前石上磨。

一曰："师作什么？"

师曰："磨作镜。"

一曰："磨砖岂得成镜邪？"

师曰："坐禅岂得作佛邪？"

后人常以"磨砖成镜"，来比喻哪些执着于无望事情的愚蠢行为。在寒山禅师的这首偈中的前四句连用"蒸砂做饭"、"临渴掘井"两个禅宗话头和"磨砖成镜"这一著名的禅门公案，都指出参禅若寻不得正确途径，即便是有执着精神，也必然是南辕北辙、一事无成。

神赞和尚原来在福州大中寺学习，后来外出参访的时候遇见百丈禅师而开悟，随后又回到了原来的寺院。他的师父问："你出去这段时间，取得什么成就没有？"神赞说："没有。"还是照着以前的样子服侍师父，作些杂役。

有一次师父洗澡，神赞给他搓背的时候说："大好的一座佛殿，可惜其中的佛像不够神圣。"见到师父回头看他，神赞又说："虽然佛像不神圣，可是却能够放光！"

又有一天师父正在看佛经，有一只苍蝇一个劲儿地向纸窗上撞，试图从那里飞出去。神赞看到这一幕，禁不住做偈一首："空门不肯出，投窗也太痴，百年钻故纸，何日出头时？"

他的师父放下手中佛经问道："你外出参学期间到底遇到了什么高人，为什么你访学前后的见解差别如此之大？"神赞只好承认："承蒙百丈和尚指点有所领悟，现在我回来是要报答师父您的恩情。"

神赞见到师父为书籍文字所困，不好意思直接点明，只好借助苍蝇的困境来指出师父的不足。文字语言都是一时一地的工具，事过境迁再执着于文字，就如同那只迷茫的苍蝇一样总是碰壁了。

倘若一个人能够放下心中的那份执着，破除心里的固执念头，人生将会少许多烦恼、多些成功。相反，如果我们过于执着于那些本不该执着的事情，我们将会迷失更多的人生。

曾经有一对大学同学，他们彼此深恋着对方。后来因为一件看起来微不足道的小事闹翻了。毕业后，他们天各一方，各自走过了一条坎坷的人生旅途。他们的婚姻都不太美满，所以时时怀念年轻时的那段恋情。如今他们都老了，一个偶然的机会，他们又相聚了。

他问她："那天晚上我来敲你的门，你为什么不开门？"

她说："我在门后等你。"

"等我？等我干什么？"

"我要等你敲第 10 下才开门……可你只敲了 9 下就停下来了。"

这个女人为这事后悔不已。她后悔自己过于执拗，她完全可以在他敲第 9 下的时候将门打开，或者在他离去时把他叫回来，这样她已经很有面子了，为什么非要坚持等那第 10 下不可呢？

这段遗憾仅缘于女人过于执着那多出来的一次敲门而已。其实，人生有很多无谓的错过，有时是因为固执地坚持了不该坚持的。

人生苦短，韶华易逝。选定目标就要锲而不舍，以求"金石可镂"。但如果目标不合适，或客观条件不允许，与其蹉跎岁月，徒劳无功，还不如干脆放下。当你放下那些宏大而美丽的理想，选择伸手可及的目标时，或许局面会瞬间柳暗花明，实实在在的幸福正等在你的身旁。

得饶人处且饶人

人是一种社会性的高等动物。人是社会的人，社会性是人的根本属性。人要在世间立身，就应该学会处世。

明代著名学者吕坤认为，要学会处世，首先要律己。自身要做到心诚，"诚则无心"，要有识见，身处污泥不被其玷污，

不要把"你我"二字看得过于透彻，要有毫不利己，专门利人的精神，更重要的一点是要善于体察自己的过失。相对地说，客观公正地对待他人的过失比较容易些，而坦诚公正地认识自己就非常困难了。这是由于私欲等主观因素和非主观因素所造成。所以每日"三省吾身"，是非常必要的。因为认识自我是安身处世的重要前提。

其次，要善于宽厚待人。由于人的能力有大有小，天下的事情应听凭各自的方便，决不能强求做到整齐划一，一刀切，只要能把事情办成就行。

人非圣贤，孰能无过？在正确对待他人的过失和错误上，吕坤提出了一系列的积极主张。如不以己所长而责备别人，责备人应留有余地，要谅人之愚，体人之情，等等，一字概括，即为"恕"字。这里，吕坤指出劝善应以教育为主，既要指明对方的错误，使对方改过自新，又要考虑对方的承受能力。要分析对方的心理特点，千万不可以权压人，以理压人，以法压人，把对方逼上绝路。那只能使对方负隅顽抗，更加肆无忌惮。吕坤认为，人一旦到了无所顾忌的地步，就无所谓尊严、刑罚和事理了。因此，对于犯有过失的人，特别是偶尔失足的青少年，要动之以情，晓之以理。心诚则灵，这样感化别人，能收到事半功倍的效果。吕坤真不愧是一位伟大的教育思想家。当然，现代社会是法治社会，应该以道德教化与法治并重，过分地强调一点，而忽视另一点的做法都是片面的。

《吕氏春秋·举难》中说：世界上找一个完人是很困难的，

尧、舜、禹、汤、武，春秋五伯亦有弱点和缺点，比尧舜禹还要圣明的神农、黄帝犹有可指责的，并不是只有尧，舜，汤。"材犹有短，故以绳墨取木"，就是作为栋梁之材的人，也有短处，不然为什么要用绳墨来把栋梁之材加工得又方又直呢？"由此观之，物岂可全哉！"所以天子不处全、不处极、不处盈。全则必极，极则必盈，盈则必亏。"先王知物不可全也，故择务而取一也。"

孟子说：君子之所以异于常人，便是在于其能时时自我反省。即使受到他人不合理的对待，也必定先反省自己本身，自问，我是否做到仁的境界？是否欠缺礼？否则别人为何如此对待我呢？等到自我反省的结果合乎仁也合乎礼了，而对方强横的态度却仍然不改。那么，君子又必定反问自己：我一定还有不够真诚的地方。再反省的结果是自己没有不够真诚的地方，而对方强横的态度依然故我，君子这时才感慨地说："他不过是个荒诞的人罢了。这种人和禽兽又有何差别呢？对于禽兽根本不需要斤斤计较。"

事实上，按照一般常情，任何人都不会把过去的记忆像流水一般地抛掉。就某些方面来讲，人们有时会有执念很深的事件，甚至会终生不忘。当然，这仍然属于正常之举。谁都知道，怨恨会随时随地有所回报。因此，为了避免招致别人的怨愤，或者少得罪人，一个人行事需小心在意。《老子》中据此提出了"报怨以德"的思想。孔子也曾提出类似的话来教育弟子："以直报怨，以德报德。"其含义均是叫人处世时心胸要豁

第七篇 曲径可通幽，舍弃无所谓的固执

达，以君子般的坦然姿态应付一切。

《庄子》中对如何不与别人发生冲突也作了阐述。有一次，有一个人去拜访老子。到了老子家中，看到室内凌乱不堪，心中感到吃惊。于是，他大声咒骂了一通扬长而去。翌日，又回来向老子致歉。老子淡然地说："你好像很在意智者的概念，其实对我来讲，这是毫无意义。所以，如果昨天你说我是马的话我也会承认的。因为别人既然这么认为，一定有他的根据，假如我顶撞回去，他一定会骂得更厉害。这就是我从来不去反驳别人的缘故。"

从这则故事中可以得到一些启示，在现实生活中，当双方发生矛盾或冲突时，对于别人的批评，除了虚心接受之外，还要练成毫不在意的功夫。人与人之间发生矛盾的时候太多了，因此，一定要心胸豁达，有涵养，不要为了不值得的小事去得罪别人。而且，生活中常有一些人喜欢论人短长，在人背后说三道四。如果听到有人这样谈论自己，完全不必理睬这种人。只要自己能自由自在按自己的方式去生活，又何必在意别人说些什么呢？

每个人都生活在人群中，有人的地方自然会有矛盾，有了分歧、不和怎么办？很多人就喜欢争吵，非论个是非曲直不可。其实这种做法很不明智，吵架又伤和气又伤感情，不值。不如大事化小，小事化了，俗话说家和万事兴，推而广之，人和也万事兴。金无足赤，人无完人。人际交往中切不可太认死理，得饶人处且饶人，装装糊涂于己于人都有利。

古龙的争与让

他缔造了一个属于自己的江湖，他是万千读者追捧的偶像，他的名字叫古龙。然而，古龙除了有惊世骇俗的才华，更有着超越常人的处世智慧和宽广胸襟。

经过多年艰辛的打拼之后，古龙终于在文坛拥有了自己的一席之地。武侠小说的一代宗师金庸先生更是对他推崇不已。两人相识之后，就常常结伴同游。后来，古龙因为一些债务原因，手头有些拮据，金庸先生便帮他联系了一个日本的出版商。对方非常欣赏古龙的才华，便邀请二人当面晤谈。

双方见面之后，会谈并没有想象中那么顺利。因为文化的差异，彼此先是在讨论文学创作上有了分歧，接着，古龙发现对方在客气的外表下总是透着一股傲慢，尤其是对中国当代文学，很有些看不上眼。场面有些尴尬，金庸先生总是大度地微笑着缓和紧张的气氛，古龙的话却越来越少，渐渐沉默起来。

酒过三巡，对方的酒兴渐渐高涨起来，不停地催服务生上清酒。古龙和金庸两人都有些不胜酒力了，便开始推辞起来。

不料对方忽然露出了鄙夷的神色，一语双关地说道："你们中国的小说家也不过如此嘛！"

金庸连忙转过头，紧张地看着血气方刚的古龙。让他没想到的是，古龙并没有暴跳如雷，而是微笑着缓缓说道："这么小的杯子怎么能尽兴呢？来，换脸盆喝！"说着，他亲自取来三个脸盆摆在大家面前，然后用清酒倒满自己面前的脸盆，高高举起。"干！"说着，他端起盆，仰头就喝了起来，坐在一旁的金庸惊得说不出话来，日本出版商更是傻了眼。古龙喝到一半，对方连忙跑过来拉住他，嘴里不停地说道："古先生，我佩服你！不要再喝了！"

事后，日本出版商再也没有过傲慢的表现。金庸悄悄问酒醒后的古龙，真的能喝得下那么多酒吗？古龙憨笑着告诉他，其实自己也喝不了那么多酒。只是他一直觉得，对善待自己的人，自己就必须还以善良；对待轻视自己的人，就必须坚决反击，何况是事关作家的尊严和民族感情。

从那之后，金庸先生不止一次在朋友面前提起这件事情，并且一再表示，古龙身上的侠气精神让他一生都无法忘记。

随着古龙名气的与日俱增，他的小说也越来越炙手可热。在利益的驱使下，很多人开始效仿他，挖空心思，想方设法利用古龙的名气为自己谋利，甚至有人开始冒充古龙的名字写小说。

一天午后，一个朋友在市场上发现了几本冒充古龙先生新作的小说，异常气愤。他立刻买下了几本，气呼呼地来到古龙的家里。

可让他没想到的是，一向争强好胜的古龙并没有生气，反而津津有味地读了起来。读了一会儿，他轻轻放下书，什么也没说。坐在一旁的朋友按捺不住了，问他为什么不追究。古龙微笑着告诉他："这本小说的风格，我一看就知道是谁写的。我也非常反感这些抄袭模仿、假借之笔的龌龊行为，可这个作者我认识，他的家境非常贫寒，不过是以此来糊口罢了。如果我去举报他，那他全家人都可能饿肚子。得饶人处且饶人，何况他的原因很特殊；再说，他的文笔很不错，我不忍心就让他这样毁在我手里。"朋友听完他的话，钦佩不已。

不仅如此，古龙还特别留心冒充自己写小说的作者当中才华出众的，并且想方设法帮助他们。在古龙的帮助下，很多年轻人崭露头角，而且都和古龙成了朋友。

正因为这种博大的胸怀，使得古龙先生故去之后，台湾地区迅速成长起来一批新的优秀小说家。也正因为如此，虽然古龙人已逝，他却在很多受过他帮助的人心中延续着自己的生命，并将这份豁达与博爱继续传递下来。

古龙的争，不是莽夫之争，而是血性之争，为自身尊严而争，为民族荣誉而争；古龙的让，不是懦弱退缩，而是心怀博爱，不计小利，为更多有才情抱负的人提供机会，更加让人佩服一生一世。血性与宽容，是苍鹰的两只翅膀，不争，不足以立志；不让，不足以成功。

第七篇 曲径可通幽，舍弃无所谓的固执

201

人往高处走，水往低处流

　　吕尚是我国古代著名的谋略家、政治家和军事家，俗称姜子牙。姜子牙生活在商朝末年，当时纣王无道，荒淫无度，社会矛盾急剧激化。与此同时，商王朝的诸侯国周国迅速崛起，国君西伯昌（后为周文王）励精图治有取代殷商之势。姜子牙生逢乱世，虽有经天纬地之才，无奈报国无门，潦倒半生。他曾在商王宫中做过多年吏卒，虽然职低位卑，却处处留心。他看到纣王沉湎酒色，荒废国政，几次想冒死进谏。一则想救民于水火，二则可以因此受到纣王赏识，求得高官厚禄。然而姜子牙后来见到大臣比干等人皆因直谏而丧生，只好把话咽回肚中，他料定商朝气数将尽，纣王已不可救药，自己不愿糊里糊涂地替纣王殉葬。于是，他决定改换门庭。

　　当时，西伯昌立志复兴周国，除掉纣王，求贤若渴，正是用人之时。吕尚为了引起西伯昌的注意，便在渭水之滨的兹泉垂钩钓鱼。这个地方风景秀丽，人迹罕至，是个隐居的好地方。姜子牙并非要老死林下，而是在此静观世变，待机而行。

　　这一天，吕尚听说西伯昌要来附近行围打猎，便假装在兹泉垂钓。这时候，姜子牙还是个无名之辈，西伯昌当然不会认

202

得他，但姜子牙却在朝歌见过西伯昌。为了引起西伯昌的注意，姜子牙故意把鱼钩提离水面三尺以上，钩上也不放鱼饵。果然，西伯昌觉得奇怪，便走上前问道："别人垂钓均以诱饵，钩系水中，先生这般钓法，能使鱼上钩吗？"

姜子牙见西伯昌对人态度谦和，果然是个非凡人物，便进一步试探道："休道钩离奇，自有负命者。世人皆知纣王无道，可是西伯长子就甘愿上钩。纣王自以为智足以拒谏，言足以饰非，却放跑了有取而代之之心的西伯昌。"

西伯昌闻言，大吃一惊。心想：这位老人身居深山，何以能知天下大事？更为不解的是，他怎能把我西伯昌的心迹看得这么透彻？定然不是凡人！连忙躬身施礼，说道："愿闻贤士大名？"

"在下并非贤士，老朽吕尚是也。"

"刚才偶听先生所言，真知灼见，字字珠玑，不瞒先生，在下就是你说到的西伯昌。"

姜子牙装出吃惊的样子，惶恐地说："老朽不知，痴言妄语，请您恕罪。"

西伯昌连忙诚恳地说道："先生何出此言！今纣王无道，天下纷乱，如先生不弃，请您随我出山，兴周灭商，拯救黎民百姓。"

姜子牙假意客套了一番，随即同西伯昌一起乘车回宫，一路上纵论天下大势，口若悬河。西伯昌更是有与之相见恨晚之感，回宫之后，立即拜吕尚为太师，倚为心腹。从此以后，姜

子牙官运亨通，飞黄腾达。

俗话说，姜太公钓鱼，愿者上钩。作为一个老谋深算的政治家，吕尚略施小计便攀上了西伯昌这棵大树，弃暗投明，跳槽做了周国的太师。倘若他抱定忠臣不事二主的陈腐观念，恐怕到老到死也不过是纣王宫中的一名小吏，永无出头之日。真可谓识时务者为俊杰！

识时务者为俊杰

三国时，曹操历经艰险，在平定了青州黄巾军后，实力增加，声势大振，有了一块稳定的根据地，于是他派人去接自己的父亲曹嵩。曹嵩带着一家老小 40 余人途经徐州时，徐州太守陶谦出于一片好心，同时也想借此机会结交曹操，便亲自出境迎接曹嵩一家，并大设宴席热情招待，连续两日。一般来说，事情办到这种地步就比较到位了，但陶谦还嫌不够，他还要派兵 500 人护送曹嵩一家。这样一来，好心却办了坏事。护送的这批人原本是黄巾余党，他们只是勉强归顺了陶谦，而陶谦并未给他们任何好处。如今他们看见曹家装载财宝的车辆无数，便起了歹心，半夜杀了曹嵩一家，抢光了所有财产跑掉了。曹操听说之后，咬牙切齿道："陶谦放纵士兵杀死我父亲，此仇不共戴天！我要尽起大军，洗劫徐州。"

然而，当曹操率军攻打徐州报仇雪恨之时，情况发生了变化，吕布率兵攻破了兖州，占领了濮阳。怎么办？这边大仇未报，那边情况又发生了变化。如果曹操被复仇的心态所左右，那么，他一定看不出事情的发展趋势，也察觉不出情况的危急，就如同刘备伐吴一样。但曹操毕竟是曹操，他是一个十分冷静沉着的人，也是一个非常会控制自己心态的人。正因如此，他立刻便分析出了情况的严重性，他说："兖州失去了，这就等于让我们没有了归路，不可不早做打算。"于是，曹操便放弃了复仇的计划，拔寨退兵，去收复兖州了。

曹操的这个决定正确吗？当然正确。因为，这个决定没有受他复仇心态的任何影响，完全建立在他自己冷静的心态之上。因此，曹操才能够摆脱这次危机，保住了自己的地盘和势力。

事情是复杂多变的，感情常常左右人们的理智，使人们对复杂多变的形势做出错误的分析和判断。因此，一个被感情左右的人一定是一个不成熟的人，所以在做选择时，要理智分析。正所谓："识时务者为俊杰。"

要面对现实

1965 年，45 岁的作家马里奥·普佐完成了他的第二部小说。

作为一个追求纯粹文学艺术的作家，他看起来还算顺利，作品受到了一些好评。如果照此写下去，他可能会渐渐地成为一个比较有影响力的纯文学作家。但此时，普佐已经债务缠身，连最基本的生活都有困难。于是，他调转航向，放弃了创作的初衷，改写通俗类小说。3 年后，《教父》一书出版，创造了当时的销售纪录。

1970 年，30 岁的艺术影片导演弗朗西斯·科波拉，遇到了与普佐非常相似的窘境。

他执导的几部艺术类影片票房几乎颗粒无收，他甚至不知道自己究竟欠了哪些人多少债务。在走投无路之际，派拉蒙公司派人与他商谈改编拍摄《教父》一事。这位追求艺术的导演匆匆地看了几页原作，就觉得大倒胃口。但胃终究还是需要粮食的，为了生存，科波拉也选择了另一条路径。不久，电影《教父》问世，影片所取得的成功可以说是电影史上的一个奇迹。

两个原本追求纯粹艺术的人，面对现实却创作出真正的经典作品。这样的结果，肯定大大出乎他们的意料。

　　是不是只有面对现实，才能获得真正的成功呢？这倒不一定。任何艺术尤其是高雅艺术总是要与现实保持相当的距离，普佐和科波拉获得意外的成功，并不仅仅是因为"媚"了"俗"，更重要的是，他们先前在追求艺术过程中所积累的"雅"的底蕴。

放弃无意义的坚持

　　张曼玉是当今世界上著名的华人演艺明星。而过去，她在成长的道路上，却曾经为错误的坚持付出过惨重的代价。

　　刚进入演艺圈的时候，她还是个少女。那时，她只想在银幕上扮靓，只肯演妩媚动人的少女。演了几部电影之后，却没有得到预期的效果，观众不认可她的妩媚，不认可她演美貌少女时的表演。这个时候，圈里的人就劝她，以她的形象、她的演技，应该有很大的发挥余地，如果不是总演少女，也许会取得成功。

　　这个建议本来是很好的建议，可那时，张曼玉很相信自己

的演技，也相信自己的相貌，相信自己的青春。于是，她固执己见，继续演少女。这样又演了几部戏，结果，还是没有取得她预期的成功。

屡遭挫折之后，她终于放弃了那些无意义的坚持，决定改变戏路。于是，一个接一个全新的角色就出现了。从《新龙门客栈》里的老板娘，到《宋庆龄》里的宋庆龄；从《一门喜事》里的新娘子，到《甜蜜蜜》里的打工妹；从《济公》里的放荡妓女，到《青蛇》里的可爱青蛇，她角色多变，演技出色。张曼玉终于成功了。

这些角色的出演，给张曼玉带来了巨大的声誉，她五次获得香港金像奖最佳女演员奖。可以说，她获得了最辉煌的成功。而这些成功，当然得归功于她及时放弃了那些无意义的坚持的缘故。

坚持是一种良好的品性，但在有些事上，过度的坚持会导致更大的浪费。一个人认准一个目标，奋力向前，本来是一件好事情，可是问题在于，如果这个目标是错的，却仍要奋力向前，而且意志坚定、态度坚决，那么，由此导致的负面后果，恐怕比没有目标更为可怕。

不该忙的就不要忙

日本著名作家川端康成获得诺贝尔奖之后，声名大振。因此常被官方、民间，包括电视广告商人等拉着去做这做那。文人难免天真，不擅应酬，心慈面软，不会推托；做事又过于认真，不懂敷衍。于是，川端康成陷入忙乱的俗事重围，不知如何解脱，终于自杀，了此一生。据报载，川端临终前，曾为筹措笔会经费而心力交瘁，心情十分低落。

一位哲人指出："与其花许多时间和精力去凿许多浅井，不如花同样的时间和精力去凿一口深井。"

固然，对一位作家来说，能获得诺贝尔奖，这口井已经算是凿得够深了。但如果川端不被卷入使他烦倦不堪的琐事，而能依然宁静度岁，以他的丰富晶莹的智慧，或许会有更具哲理的创作留传于世。

一个人，能认清自己的才能，找到自己的方向，已经不容易；更不容易的是，能抗拒潮流的冲击。许多人仅仅为了某件事情的时髦或流行，就跟着别人随波逐流而去。他忘了衡量自己的才干与兴趣，因此把原有的才干也付诸东流。所得到的只是一时的热闹，而失去了真正成功的机会。

学会妥协，善于取舍

清末大臣张之洞深刻理解"小不忍则乱大谋"的道理，所以他常常不逞一时之强，而委屈自己适应现实的需要，等到时机成熟后，再充分发挥自己的才能，来实现自己的理想，从而达到建功立业的目的。张之洞在自己的一生中，虽然在大多数情况下都坚持己见，敢于以硬碰硬，不向异己屈服，但他毕竟是个聪明人。因此他也善于因时顺势，目光长远，敢于妥协。

虽然他与李鸿章早有嫌隙，在政见上多有不同，也看不惯李鸿章一味地对外求和的为政策略，更看不起李鸿章不顾全大局，始终维护自己淮军的局部利益的做法，但他同时也深知：李鸿章毕竟位高权重，自己如果一味地同他僵持下去，两个人之间就会由嫌隙转化为比较大的矛盾，那样对自己的前程将大为不利。于是，他想只要不是重大问题，自己还应该对李鸿章虚与委蛇，尽量不贸然得罪他。所以，他在李鸿章母亲八十寿辰时就送过寿文，李鸿章本人七十寿辰时，他更是两天三夜几乎没有睡觉，写了一篇洋洋洒洒的寿文送给李鸿章。在寿文中，张之洞极尽能事地推崇李鸿章，赞扬李鸿章文武兼备，既饱学博识，文才盖世，又运筹帷幄，统领千军万马，镇守着祖国边疆。这篇约5000字的寿文成为李鸿章所收到的寿文中的压卷之作,琉璃厂书商将其以单行本复刻,一时洛阳纸贵。张之洞对李鸿章的这种关系的处理方式,包含着聪明人高超的智慧。

学会妥协,善于取舍,是成大事者必备的要素。成人事者,需要在小事、小利上面忍让一些;在大事、大利上面要坚持一些,争取一些,这样才能取得并维持大事、大利。

巧妙的生存艺术

箕子是商朝纣王的庶兄,本名叫胥余,封子爵。身为大师,他是一个见微知著的人物,能准确地预知事物的结局。纣王继位不久,命工匠为他琢一把象牙筷子。箕子感叹说:"象牙筷子肯定不能配瓦器,而要配犀角雕的碗、白玉琢的杯。有了玉杯,其中肯定不能盛野菜汤和粗豆做的饭,而要盛山珍海味才相配。吃了山珍海味就不愿再穿粗葛短衣,也不愿再住茅房陋室,而要穿锦绣的衣服,乘华贵的车子,住高楼广室。这样下去,我们商国境内的物品将不能满足他的欲望,还要去征讨远方各国珍贵奇怪之物。从象牙筷子开端,我看到了以后发展的结果,禁不住为他担心。"

果然，纣王的贪欲越来越大。他抓了上千万的劳工修建占地 300 里的鹿台、白玉为门的琼室，搜罗狗马珍宝、奇禽怪兽充塞其中。同时以酒为池，悬肉为林，使裸体男女相逐戏。大臣比干相谏，纣王把他的心肝剜出。箕子复谏而不听，他害怕厄运会降临到自己头上，就诈癫扮傻起来，披散头发，胡言乱语，弃大师之尊而不为，宁愿被纣王关在牢里。正所谓"留得残荷听雨声"，不久纣王死了，新朝周武王释放囚徒，邀箕子再出来做官，箕子不愿，暗地里带了 5000 人逃避到朝鲜去。武王没法，就顺手做个人情，封他在朝鲜建国。今平壤地区还存有箕子之墓。

诈死佯败有时就是苦肉计，要压抑自己的意志，戕害自己的身心，使一个充满理智的人变成失去理性的疯子。要选择自己毁灭自己才能去瞒骗监视严密、不遗巨细之眼，如果这个人不具备非凡的藏巧露拙的功夫，是不可能办到的。

谁是最有智慧的人

在神圣的雅典城里，有一座神庙，叫作德尔斐神庙，供奉着雅典的主神——阿波罗。相传那里的神谕非常灵验，当时的雅典人一遇到重大或疑难的问题，便到庙里求谶。

有一回，苏格拉底的一个朋友求了一个谶："神啊，有没有比苏格拉底更有智慧的人？"得到的答复是："没有。"

苏格拉底听了，感到非常奇怪。他一向认为，世界这么大，人生这么短促，自己知道的东西实在太少了。既然如此，神为什么说他是最有智慧的人呢？可是，神谶是不容怀疑的。

为了弄清楚神谶的真意，他访问了雅典城里以智慧著称的人，包括著名的政治家、学者、诗人和工艺大师。结果他发现，所有这些人都只是具备一方面的知识和才能，却一个个都自以为无所不知。他终于明白了，神谶的意思是说：真正的智慧不在于有多少学问、才华和技艺，而在于懂得面对无限的世界说："这一切算不了什么，我们实际上是一无所知的。"他懂得这一点，而那些聪明人却不懂，所以神谶说他是最有智慧的人。

智慧和聪明是两回事。自古至今，聪明的人非常多，但伟人却很少。智慧不是一种才能，而是一种人生觉悟，是一种开阔的胸怀和眼光。一个人在社会上也许成功，也许失败，如果他是智慧的，那么他就不会把这些看得过于重要，而能够站在人世间一切成败之上，成为自己命运的主人。

善于借助别人的力量

在马克·吐温小的时候,有一天因为逃学,被妈妈罚去刷围墙。围墙有 3 米高、30 米长,比他的头顶还高出许多。

他把刷子蘸上灰浆,刷了几下。刷过的部分和没刷的部分相比,就像一滴墨水掉在一个球场上。他灰心丧气地坐下来。他的一个伙伴桑迪,提了只桶跑过来。"桑迪,你来给我刷墙,我去给你提水。"马克·吐温建议。桑迪有点动摇了。"还有呢,你要是答应,我就把我那只肿了的脚趾头给你看。"马克·吐温说。

桑迪经不住诱惑了,好奇地看着马克·吐温解开脚上包的布。可是,桑迪到底还是提着水桶拼命跑开了,他妈妈在瞧着呢。

马克·吐温的另一个伙伴罗伯特走了过来,还啃着一只松脆多汁的大苹果,引得马克·吐温直流口水。突然,他十分认真地刷起墙来,每刷一下都要打量一下效果,活像大画家在修改作品。"我要去游泳,"罗伯特说,"不过我知道你去不了。你得干活,是吧?"

"什么?你说这叫干活?"马克·吐温叫起来,"要说这叫干活，那它正合我的胃口，哪个小孩能天天刷墙玩呀！"马克·吐温卖力地刷着，一举一动都显得特别快乐。

罗伯特看得入了迷，连苹果也不那么有味道了。"嘿，让我来刷刷看。""我不能把活儿交给别人。"马克·吐温拒绝了。"让我刷刷看吧。"罗伯特开始恳求。"我倒愿意，不过……"马克·吐温犹豫道。

"我把这苹果给你！"

小马克·吐温终于把刷子交给了罗伯特，坐到阴凉处吃起苹果来，看罗伯特为这得来不易的权利刷着墙。一个又一个男孩子从这里经过，高高兴兴想去度周末，但他们个个都想留下来试试刷墙。

马克·吐温为此收到了不少交换物：一只独眼的猫，一块糖，一个石头子，还有两个甜美的橘子。

一个真正有领导能力的人，没有必要事必躬亲、凡事都亲自出马，他懂得如何调集身边其他人的力量为自己服务。让别人乐意去做那些自己不必亲自去做的事情，这正是领导艺术的魅力所在。

化腐朽为神奇

有一个人，年轻时在杂货店工作，由于他懦弱胆小、不善言谈，连进店顾客的询问都使他紧张得要命。杂货店老板常常叹气说："弗兰克，你是我见过的最没用的售货员！"

老板不得不刻意锻炼他。一次，老板决定把他单独留在店里卖货："弗兰克，你看见这些盘子了吗？还有这些刀子和刷子！今天你要独自把它们卖出去。"

他被这个难题吓傻了，不得已，想出了一个"笨"办法：给每样商品贴上一张小纸片，上面注明老板要求的最低售价；小商品干脆就堆在桌子上，旁边立一块牌子："一律5美分。"

结果，商品卖得非常走俏。这种意外的成功鼓舞了他，1879年，他借了300美元，在宾夕法尼亚州开了一家商品零售店，卖的全是5美分的货物。后来，他的5美分连锁店一家接着一家开起来，遍布美国、英国、加拿大等国家和地区。

1913年，他在纽约兴建了一栋高238米的大厦，美国总统威尔逊亲自参加剪彩仪式。这座大厦就是当时世界第一高楼——伍尔沃斯大厦。

1996年，他创立的连锁店数量成为世界之最，达到8000多家。这个曾一文不名而创造奇迹的人叫弗兰克·W.伍尔沃斯，他是现代商业的"鼻祖"，他的经营理念就是：明码标价、薄利销售、连锁经营。

伍尔沃斯的成功，看似意外，实则不然。其 5 美分奇迹的核心在于：微小和简单。微小基于价格、利润，而简单则抓住了一个普遍的消费心理。奇迹的始末是——复杂能够简单，而微小可以宏大。

过程也是一种享受

苏格拉底和拉克苏是两个智慧的人。有一次，两人相约到很远很远的地方去游览一座大山。据说，那里风景如画，人们到了那里，会产生一种飘飘欲仙的感觉。

许多年以后，两人相遇了。他们都发现那座山太遥远太遥远，他们就是走一辈子，也不可能到达。

拉克苏颓丧地说："我用尽力气跑过来，结果什么也看不着，真太叫人伤心了！"

苏格拉底掸了掸长袍上的灰尘，说："这一路上有许许多多美妙的风景，难道你没有注意到？"

拉克苏一脸的尴尬："我只顾朝着遥远的目标奔跑，哪有心思欣赏沿途的风景啊！"

"那就太遗憾了。"苏格拉底说,"当我们追求一个遥远的目标时,切莫忘记,旅途处处都有美景!"

成功最大的喜悦不是成功本身,而是在其过程中克服种种困难、体验峰回路转的那份感受。这也是成功者不喜欢过多谈论成功本身,而是常常回味成功过程的挑战、磨难心情的起落等的原因。所以,在追寻目标的过程中,要抱着一种"享受"的心态。

生命的真正意义在于体验

著名的战地记者唐师曾先生,亲临大学做报告的火爆场面令人难以忘怀。唐师曾之所以成名,就在于他多次深入"死亡之地",冒险拍下了无数颇具价值的新闻照片。

他是一个乐于冒险的人,他用他特有的方式向人们诠释了一个朴素的哲理:要得到别人羡慕的目光,就要付出常人所不能付出的代价。轻而易举取得成功的人,是不会引起人们过多关注的。

人们把称颂和荣誉送给了他。对于唐师曾来讲,这等于把生命的意义重新赋予了自己。唐师曾和妻子自费前往巴格达,亲眼见到了饱受战争之苦的伊拉克人民的苦难。习惯了与死神擦肩而过的他诙谐地打趣:"咱家的鸭蛋都放在一个篮子里了。"

唐师曾的勇气和胆量缔造了他的成功！

敢于冒险的人生，才是真正有意义并富于刺激性的人生。只有那些不断超越自我，以锐不可当的勇气，为自己拓展一片事业的人，才能真正感受到冒险所带来的无穷乐趣。仍在成功的门外徘徊的人们，不需再问自己为什么没有成功。你没有勇气打开那扇虚掩的门，成功当然不会自动走到你的面前。

直的不行就绕个弯

汉武帝有个奶妈，自小是由她辛辛苦苦地把汉武帝养大的。这奶妈的无形权势，当然很高，因此，常常在外面做些犯法的事情。汉武帝也知道了，准备把她依法严办。皇帝真发脾气了，就是奶妈也无可奈何，只好求救于东方朔。东方朔在汉武帝面前，是有名的可以调皮耍赖的人。

有两个人汉武帝很喜欢，一个是东方朔，他幽默、滑稽，经常说笑话，把汉武帝弄得啼笑皆非。但是汉武帝很喜欢他，因为他说的做的都很有道理。另一个是汲黯，他人品好，讲真话，常直谏廷争，使汉武帝下不了台。汉武帝对这两个人都能够容纳重用。所以，东方朔在汉武帝面前，有这么一层关系。

武帝的奶妈想了半天，只好来求东方朔想办法。他听了奶

妈的话后认为，这件事情，只凭嘴巴来讲，是没有用的。因此，他教导奶妈说："等皇帝下命令要法办你，叫人把你拉下去的时候，你什么都不要说，皇帝要你滚只好滚了，但你走两步，便回头看看皇帝，走两步，又回头看看皇帝，千万不可开口请求皇帝的谅解，否则，你的头将会落地。你什么都不要讲，喂皇帝吃奶的事更不要提。这样，或者还有万分之一的希望，可以保全你。"

东方朔对奶妈这样吩咐好了，等到汉武帝叫奶妈来问："你在外面做了这许多坏事，太可恶了！"叫左右拉下去法办。奶妈听了，就照着东方朔的吩咐，走一两步，就回头看看皇帝，鼻涕眼泪直流。东方朔站在旁边说："你这个老太婆在看什么！皇帝已经长大了，还要靠你喂奶吃吗？你就快滚吧！"东方朔这么一讲，汉武帝听了很难过，心想自己自小在她的手中长大，现在要把她拉去砍头，或者坐牢，心里也着实难过，又听到东方朔这样一骂，便想算了，免了她这次的罪吧！以后可不要再犯错了。帝凄然，即赦免罪。

像这一类的事，看起来，是历史上的一件小事，但由小可以见大。所以东方朔的滑稽，不是乱来的。他是以滑稽的方式，运用了"曲则全"的艺术，救了汉武帝的奶妈的命，也免了汉武帝后来的内疚于心。

曲则全，枉则直，有些事只有拐个弯才能达到目的，并且能够达到得更快更好，那又何必不做呢？要知道"宁向直中取，不向曲中求"，可是一个天大的错误。

第八篇

舍该舍之物，不舍得时更不得

做你喜欢做的事

　　"做自己喜欢和善于做的事，上帝也会助你走向成功。"这是比尔·盖茨说过的一句话，这是不是应该成为今后我们择业的指南呢？比尔·盖茨是计算机方面的天才，早在他还没有成名的时候，他对计算机就十分痴迷，并且是一个典型的工作狂，但这种"工作"完全是出于一种本能的爱好，这种爱好他在湖滨中学时期就已表现得淋漓尽致。

　　那时候，为了研究和电脑玩扑克的程序，他简直到了如饥似渴的程度，扑克和计算机消耗了他的大部分时间。像其他所专注的事情一样，盖茨玩扑克很认真，但他第一次玩得糟透了，可他并不气馁，最后终于成了扑克高手，并研制成了这种计算机程序。在那段时间里，只要晚上不玩扑克，盖茨就会出现在哈佛大学的艾肯计算机中心，因为那时使用计算机的人还不多。有时疲惫不堪的他，会趴在电脑上酣然入睡。盖茨的同学说，常在清晨发现盖茨在机房里熟睡。盖茨也许不是哈佛大学数学成绩最好的学生，但他在计算机方面的才能却无人可以匹敌。他的导师不仅为他的聪明才智感到惊奇，更为他那旺盛而充沛的精力而赞叹。

222

"做自己喜欢做的事"，成就了盖茨的财富人生。

有人问罗斯福总统夫人："尊敬的夫人，你能给那些渴求成功，特别是那些年轻的、刚刚走出校门的人一些建议吗？"

总统夫人谦虚地摇摇头，但她又接着说："不过，先生，你的提问倒令我想起我年轻时的一件事：那时，我在本宁顿学院念书，想边学习边找一份工作做，最好能在电讯业找份工作，这样我还可以修几个学分。我父亲便帮我联系，约好了去见他的一位朋友，当时任美国无线电公司董事长的萨尔洛夫将军。

"等我单独见到了萨尔洛夫将军时，他便直截了当地问我想找什么样的工作，具体哪一个工种？我想：他手下的公司任何工作都让我喜欢，无所谓选不选了。便对他说，随便哪份工作都行！

"只见将军停下手中忙碌的工作，眼光注视着我，严肃地说，年轻人，世上没有一类工作叫'随便'，人的一生要做你最想做的事！

"将军的话让我面红耳赤。这句发人深省的话语，伴随我的一生。"

你要选择一条正确的航道，就要不断冷静地矫正你的航向。只有学会冷静地思索，才能矫正你的罗盘，你就会自动地做出反应，同你的目标、你的最高理想，处于同一条直线上。

所以，当你不断地努力工作时，你应时时地静下心来好好想一想，你所努力的方法及方向是不是你生命中最想要的？三百六十行，行行出状元。但其"状元之才"之所以能够浮出水面，为世人称颂，就是因为他放弃某些诱惑而选择了适合自己并且是自己想做的工作。

看到自己的长处

有一天，一个国王独自到花园里散步，使他万分诧异的是，花园里所有的花草树木都枯萎了，园中一片荒凉。后来国王了解到，橡树由于没有松树那么高大挺拔，因此轻生厌世死了；松树又因自己不能像葡萄那样结许多果子，也死了；葡萄哀叹自己终日匍匐在架上，不能直立，不能像桃树那样开出美丽可爱的花朵，于是也死了；牵牛花也病倒了，因为它叹息自己没有紫丁香那样芬芳；其余的植物也都垂头丧气，没精打采，只有顶细小的心安草在茂盛地生长。

国王问道："小小的心安草啊，别的植物全都枯萎了，为什么你这小草这么勇敢乐观，毫不沮丧呢？"

小草回答说："国王啊，我一点也不灰心失望，因为我知道，如果国王您想要一棵橡树，或者一棵松树、一丛葡萄、一株桃树、一株牵牛花、一棵紫丁香，等等，您就会叫园丁把它们种上，而我知道您希望于我的就是要我安心做小小的心安草。"

现实生活中也是如此，我们不必看到别人的优点，就自叹不如。一个人要想立于不败之地，要清楚地了解自己的主要优点，知道自己有哪些特长，充分发挥自己的优势，避开劣势，使长处得到发展，短处得到克服。只有这样，才能有所作为。

爱因斯坦在20世纪50年代曾收到一封信，信中邀请他去当以色列的总统。出乎人们意料的是，爱因斯坦竟然拒绝了。他说："我整个一生都在同客观物质打交道，因而既缺乏天生的才智，也缺乏经验来处理行政事务及公正地对待别人，所以，本人不适合任如此高官。"

很显然，爱因斯坦是一个十分了解自己特点的人，他的特长在于物理学方面，而非管理，所以他很明智地拒绝了当总统的提议，而是专心于自己擅长的领域，因此做出了前所未有的成绩。

一个人了解自己的特长，并懂得将它用于人生选择过程中，其结果一定是惊人的。每个人都有自己的本事，不管你天性擅长什么，都要听其自然，按照自己的特长来确定职业。

美国作家马克·吐温曾经经商，第一次他从事打字机的投

资，因受人欺骗，赔进去 19 万美元；第二次办出版公司，因为是外行，不懂经营，又赔了 10 万美元。两次共赔将近 30 万美元，不仅把自己多年心血换来的稿费赔个精光，而且还欠了一屁股债。马克·吐温的妻子奥莉姬深知丈夫没有经商的才能，却有文学上的天赋，便帮助他鼓起勇气，振作精神，重新走创作之路。很快，马克·吐温摆脱了失败的痛苦，在文学创作上取得了辉煌的成就。

我们千万不要丢开自己天赋的优势和才能，去找寻一些时尚的职业，千万不要做你不擅长的事情，如果你错误地选择了这样的行业，你会发现自己像在泥潭里挣扎一样，结果无异于南辕北辙，一事无成。对于自己无能为力的领域，一定要及时放弃，不必徒耗过多心力，试图改进。毕竟，从"毫无能力"进步到"马马虎虎"所需耗费的精力，远比从"一流表现"进步到"卓越境界"所需的功夫更多。

合适的才是最好的

在有"中国鞋王"之称的奥康集团内部流传着这样一个故事：在 2005 年第一季度工作总结报告会上，轮到公司事业部某经理汇报，该经理兴致勃勃地讲道："一季度原计划开店70家，最终开店110家，超额完成任务。"总裁王振滔听着听着皱起了眉头。"这叫严重超标，是很不好的工作习惯。"总裁直言不讳。原以为会得到表扬，换来的却是批评，事业部经理很委屈。他想不通，这么好的成绩却遭到责备。正欲争辩，王振滔迅速接上刚才的话茬儿，语重心长地说："你想想，你超标那么多，你的管理、物流和人员跟得上吗？如果不能保证质量，不仅不会形成有效的市场规模效益，反而打乱了原有的平衡，捡了芝麻丢了西瓜。盲目开店的结果只会是开一家，死一家，做了无用功。

"这就好比一对夫妇原来只要一个孩子，可却生了三胞胎，对他们来说这绝对是件哭笑不得的事，家里一下子变成了5口人，人多是热闹了，但抚养不起啊。"善于打比方的王振滔循循善诱，"记住，合适才是最好的！"道理虽然简单，但这个注重合适的平衡之道确实让他的部下好好思量了一番。

合适的才是最好的，做什么事情都一样，多大的脚穿多大的鞋，小脚穿大鞋走起路来肯定不方便。什么都不舍得丢掉，结果可能什么都做不好。

别抱着自己熟悉的东西不放

刚到深圳不久，曾元方就从一个小型火锅店生意开始了她的创业之路。当时，她只有两名小工和她自己，生意也还勉强过得去。可是命运就是这样捉弄人，一天她在炒火锅底料的时候，不小心让滚烫的油烫伤了，经过医院鉴定，烧伤程度达到深二度和三度，面积达到40%。

医生说，这是一个危险的数据，弄不好会危及生命。但是经过一系列的抢救，她终于挺了过来，但生意却从此一落千丈了。生意不好，自己又受伤，曾元方完全可以以此为借口，退出艰辛的创业生涯。可是她不仅没有这样做，反而越挫越勇，在脑海中逐渐形成了一个更大的创业梦想。

而这次的创业点子还得感谢她的那次烫伤经历。在她烫伤后，有一位老乡来看她，无意中透露说他所在的工厂里，工人伙食较差，工人们常常到厂里的办公室投诉，老板对此也感到头疼。老板曾经想把厂里食堂承包给外边专门做餐饮生意的人做，如果工人有意见就换承包人。但由于食堂的特殊性，人多嘴杂，要让每一名工人满意是不可能的事，所以一直没人敢接招。

听到这个消息后她就想，一个人在外打工的确不容易，饮食再不满意，工人们自然会对工作失去信心。她的热血开始沸腾，她想如果把这家工厂的食堂承包下来，把饮食搞卫生一点，利润看薄一点，一定是一条生财之道。因此，不管三七二十一，她把先前的一点积蓄全部拿出来，去注册了一家主要从事餐饮经营和管理的公司。

但是刚开始经营并不像她想象的顺利，由于公司没有一定的知名度，业务开展也就不顺利。当她正陷入绝望之际，一名老乡给她介绍了一笔业务。她抓住了这个来之不易的机会，用心做好了第一笔业务。当她了解到这个企业大多数工人来自四川和湖南时，她专程请来了川菜和湘菜厨师。为了今后业务的发展，在开始很长的一段时间里，她几乎放弃了利润这个字眼，工厂的老板放心了、满意了。

一段时间后，她的公司终于开始盈利了，几乎陷于绝望的她又重新有了新的希望。于是她以此为契机，让不少当地的企业来她的公司参观，不久，她的膳食管理公司就在深圳的中小企业中逐渐有了名气。在接下来的半年时间里，她先后和近10家企业签订了膳食管理合同。现在她的公司越做越大，在当地已经是小有名气了。她本人也由一个普通的创业者稳步进入中产阶层了。

这个世界机会多多，如果你对自己已经拥有的东西不太满意，那就坚决舍弃，或许，你会就此开启另一扇机会之门。

苦难中的最佳选择

有一名叫作鲁奥吉的青年，他在 20 岁那年骑摩托车出事，腰部以下全部瘫痪。鲁奥吉在事后回忆说："瘫痪使我重生，过去我所有做的事都必须从头学习，就像穿衣、吃饭，这些都是锻炼，需要专注、意志力和耐心。"

鲁奥吉以积极面对人生的态度声称，以前自己不过是个浑浑噩噩的加油站工人，整天无所事事，对人生没什么目标。车祸以后，他经历的乐趣反而更多，他去念了大学，并拿到语言学学位，他还替人做税务顾问，同时也是射箭与钓鱼的高手。他强调，如今，"学习"与"工作"是他所选择的最快乐的两件事。

的确，生命中收获最多的阶段，往往就是最难挨、最痛苦的时候，因为它迫使你重新审视反省，替你打开内心世界，带来更清晰、更明确的方向。

要想生命尽在掌控之中是件非常困难的事，但日积月累，经验能帮助你汇集出一股力量，让你越来越能在人生赌局中进出自如。很多灾难在时过境迁之后回头去看，会发现它并没有当初看起来那么糟糕，这就是生命的成熟与锻炼。

心理学家曾经提出过"最优经验"的解释，意思是指，当一个人能自觉把体能与智力发挥到最极限的时候，就是"最优经验"出现的时候，而通常"最优经验"都不是在顺境之中发生的，反而是在千钧一发的危机与最艰苦的时候涌现。

这是基督圣歌"奇迹的教诲"中的一句歌词："所有的锻炼不过是再次呈现，我们还没学会的功课。"学着与痛苦共舞，才能看清造成痛苦来源的本质，明白内在真相。更重要的是，让你学到该学的功课。

山中鹿之介是日本战国时代有名的豪杰，据说他时常向神明祈祷："请赐给我七难八苦。"很多人对此举都很不理解，就去请教他。山中鹿之介回答说："一个人的心志和力量，必须在经历过许多挫折后才会显现出来。所以我希望能借各种困难险厄，来锻炼自己。"而且他还作了一首短歌，大意如下："令人忧烦的事情，总是堆积如山，我愿尽可能地去接受考验。"

一般人对神明祈祷的内容都有所不同，一般而言，不外乎是切身利益方面。有些人祈祷更幸福，有人祈祷身体健康，甚或赚大钱，却没有人会祈求神明赐予更多的困难和劳苦。因此，当时的人对于鹿之介这种祈求七难八苦的行为，不予理解，是很自然的现象，但鹿之介依然这样祈祷。他的用意是想通过种种困难来考验自己，其中也有借七难八苦来勉励自己的用意。

鹿之介的主君尼子氏，遭到毛利氏的灭亡，因此他立志消灭毛利氏，替主君报仇。但当时毛利氏的势力正如日中天，尼子氏的遗臣中胆敢和毛利氏对敌的，可说少之又少，许多人一想到这是毫无希望的战斗，就心灰意冷。可是，鹿之介还是不时勉励自己，鼓舞自己的勇气。或许就是因为这个缘故，他才会祈祷七难八苦。

在大事降临时，人总会感觉内心不安或意志动摇，这是很正常的。面临这种情况时，就必须不断地自励自勉，鼓起勇气，信心百倍地去面对，这才是最正确的选择。

成功在于智慧的选择

人人都渴望成功，但是谁都知道成功不是一蹴而就的。成功需要有良好的机遇，同时还必须要付出艰辛的努力。但是还有一个至关重要的因素，就是充分利用自己的智慧，做出正确的选择。选择得当，你就与成功有约；选择失误，你就会与成功擦肩而过。下面这个例子就很能说明问题。

齐国的大将田忌很喜欢赛马。有一回他和齐威王约定，进行一场比赛。

他们把各自的马分成上、中、下三等。比赛的时候，上等马对上等马，中等马对中等马，下等马对下等马。由于齐威王每个等级的马都比田忌的强，三场比赛下来，田忌都失败了。田忌觉得很扫兴，垂头丧气地准备离开赛马场。

这时，田忌的朋友孙膑从人群中走出来，拍着他的肩膀，说："从刚才的情况看，齐威王的马比你的快不了多少呀……"

孙膑还没有说完，田忌看了他一眼，说："想不到你也挖苦我呀！"

孙膑说："我不是挖苦你，你再同他赛一次，我有办法让你取胜。"

田忌疑惑地看着孙膑："你是说另换几匹马吗？"孙膑摇摇头，说："一匹也不用换。"田忌没信心地说："那还不是照样输！"孙膑胸有成竹地说："你就照我的主意办吧。"

齐威王正在得意扬扬地夸耀自己的马，看见田忌和孙膑过来，便讥讽田忌："怎么，难道你还不服气？"田忌说："当然不服气，咱们再赛一次！"齐威王轻蔑地说："那就来吧！"

一声锣响，赛马又开始了。

孙膑让田忌先用下等马对齐威王的上等马，第一场输了。

接着进行第二场比赛。孙膑让田忌拿上等马对齐威王的中等马，胜了第二场。齐威王有点儿心慌了。

第三场，田忌拿中等马对齐威王的下等马，又胜了一场。这下，齐威王目瞪口呆了。

还是原来的马，只是重新选择了一下比赛对象，田忌便以胜两场输一场的战果，赢了齐威王。

这个故事蕴含着许多哲理，其中最重要的一条，便是成功在于智慧而巧妙的选择。选择得当，可以变弱为强，可以以少胜多；选择失当，则会坐失良机，甚至变利为害。

决断，而不是优柔寡断

生活当中有很多人有着优柔寡断的毛病。他们之所以优柔寡断，是因为他们总希望做出正确的选择，他们以为通过推迟选择便可以避免犯错误，从而避免忧虑。要消除优柔寡断，你不要将各种可能的结果都用对与错、好与坏，甚至最好与最坏来衡量。

下面这个例子中的李晓女士正是此类典型。

李晓在一家公司担任一个很重要的职位，一直以来她工作很投入，很卖力，成绩突出，因此深受上级的赏识，不断地被提拔并被委以新的重任。上任伊始，李晓就面临着许多重要的工作，有些是自己没有经历过的，但她不畏惧，非常努力地工作着。她什么事都亲力亲为，唯恐事情办不好。

即使这样，有些需要即刻做出处理的问题在她案头仍然堆积如山，这倒并不是因为她办事效率低，而是有些问题她拿不定主意，便希望放一段时间，等事态更明朗一些再做决定。

所以，许多需要解决的十万火急的问题就渐渐地在她的案头沉淀下来，老板和同事看待她的工作时，眼中都出现了异样。大家对她的评价，也逐渐由赞扬、欣赏转为了办事拖沓、优柔寡断。她为此感到困惑和痛苦，夜不能寐，烦躁不安，工作效率也开始下降，无疑，这种情况更加重了她的担心和恐惧。慢慢地，当面对未决问题时，她更加感到左右为难，难以做出正确的抉择。

令李晓觉得心理不平衡的是，她办事的出发点是想再等等看，观察事情有何变化再做决定，没想到，大家的评价竟是"优柔寡断"。

李晓承认她从不担心会把事情搞糟，但是，有时候她也会担心没有把事情做得更好。

一旦发觉自己某方面的工作有可能做得不尽如人意，则焦虑不安，犹豫不决，久而久之，前怕狼后怕虎的状态出现了。用完了创业初期那种"初生牛犊不怕虎"的精神，事业走下坡路的苗头出现了，焦虑症状产生了，各种躯体的症状也随之表现出来，一连串的生理、心理疾病就不免产生了。

李晓想让事态变得更明朗时才做决策，以避免做出错误的决策，原本有一定道理，但在瞬息万变的现代社会，机会是稍

235

纵即逝的，所谓"机不可失，时不再来"就是这个道理，而她在等待与拖延中极有可能白白错过机会。何况，公司的工作有一定流程与安排，她的这种解决问题的办法的确会产生危机。

如果我们在选择面前犹犹豫豫，拖泥带水，就会给人留下一种优柔寡断的印象，轻则影响自己的工作，重则给自己的职业生涯带来难以弥补的损失。所以，在选择面前，一定要敢于做出快速的决断。

奥纳西斯是闻名于世的希腊船王，他的成功主要得益于敢于决断。年轻的时候，他流落在阿根廷街头，穷困潦倒。后来经过努力，积累了一定资金。

1929年全世界范围发生了经济危机，当时的阿根廷也不能幸免：工厂倒闭，工人失业，百业萧条，海上运输业也在劫难逃，面临着前所未有的危机。一天，奥纳西斯听说加拿大国营铁路公司为了度过危机，准备拍卖家当，其中有6艘货船，10年前价值200万美元，如今仅以2万美元的价格拍卖。他得到这个消息后，决定买下这6艘船。同行们对奥纳西斯的想法嗤之以鼻。是啊，从当时看来，海上运输业实在是太不景气了，海运方面的生意只有经济危机之前的1/3，这样的状况谁还会傻得去从事海运业呢？一些老牌的海运企业家都纷纷转行了。然而，奥纳西斯经过一番思考之后，果断决策：赶往加拿大，买下拍卖的船只。

人们对奥纳西斯的举动瞠目结舌。大家都觉得他太傻了，这不是白白把大把的钞票往海里扔吗？于是，有人嘲笑奥纳西斯愚蠢至极，也有人悄悄议论说奥纳西斯的精神有点问题，一些亲朋好友则规劝他不要做赔本买卖。事实上，奥纳西斯有自己的主意，他是经过缜密的思考才做出决断的。他认为经济萧条只是暂时的现象，危机一旦过去，物价就会从暴跌变为暴涨，如果能趁着便宜的时候把船买下来，等价格回升的时候再卖出去，一定能够赚到可观的利润。

　　果然不出所料，经济危机过后，海运业迅速回升，奥纳西斯从加拿大买回来的那些船只，一夜之间身价陡增。他一跃成为海上霸主，大量财富源源不断地向他涌来，他的资产成几十倍地激增。1945 年，奥纳西斯跨入希腊海运业巨头的行列。

　　有人说，奥纳西斯的成功是偶然的，但真正了解他的人却不这么认为。一位和奥纳西斯很要好的经济学家评价说："这位希腊人找到了成功的钥匙。勇于决断是通向成功的正确道路。"还有一位经济学家说："他很会到其他人认为一无所获的地方去赚钱。"寥寥数语，道出奥纳西斯成功的秘密。

　　生活当中的每个人，不管你是给别人打工，还是自己创业，不管你要做的是大事，还是小事，面临选择时，都需要当机立断。因为只有敢于决断，善于决断，才能把握时机，取得成功。

在得与失之间做出正确的选择

　　人在大的得意中常会遭遇小的失意，后者与前者比起来，可能微不足道，但是人们却往往会怨叹那小小的失，而不去想想既有的得。

　　其实得到固然令人欣喜，失去却也没有什么值得悲伤的。得到的时候，渴望就不再是渴望了，于是得到了满足，却失去了期盼；失去的时候，拥有就不再是拥有了，于是失去了所有，却得到了怀念。连上帝都会在关了一扇门的同时又打开一扇窗，得与失本身就是无法分离的：得中有失，失中又有得。

　　《孔子家语》里记载：有一天楚王出游，遗失了他的弓，下面的人要找，楚王说："不必了，我掉的弓，我的人民会捡到，反正都是楚国人得到，又何必去找呢？"孔子听到这件事，感慨地说："可惜楚王的心还是不够大啊！为什么不讲人掉了弓，自然有人捡得，又何必计较是不是楚国人呢？"

　　"人遗弓，人得之"应该是对得失最豁达的看法了。就常情而言，人们在得到一些利益的时候，大都喜不自胜，得意之色溢于言表；而在失去一些利益的时候，自然会沮丧懊恼，心中愤愤不平，失意之色流露于外。但是对于那些志趣高雅的人来说，他们在生活中能"不以物喜，不以己悲"，并不把个人的得失记在心上。他们面对得失心平气和、冷静以待。如晋代的陶渊明在为官 10 多年之后，他毅然决然辞官还乡，他失去了功名利禄，失去了工作，没有了养家糊口的凭借，但是却毫无遗憾和留恋。"采菊东篱下，悠然见南山"，精神上的这种得意和轻松，是任何物质的东西都难以取代的，陶渊明不被世俗所束缚，舍弃物质利益，放飞心灵的伟大壮举，千百年来，令多少人"高山仰止，心向往之"。

当我们在得与失之间徘徊的时候，只要还有选择的权利，那么，我们就应当以自己的心灵是否能得到安宁为原则。只要我们能在得失之间做出明智的选择，那么，我们的人生就不会被世俗所淹没。

选择朋友就是选择人生

林肯曾说过一句话："从某种意义上说，你选择了什么样的朋友，便选择了什么样的人生。"就像三国时蜀主刘备，如果当初没有他在桃园与关羽、张飞结为兄弟，又在隆中三顾茅

庐选择卧龙诸葛亮，就很难三分天下，建立蜀汉帝业。

一个人选择什么样的朋友，对自己的思想、品德、情操、学识都有很大的影响。俗话说："近朱者赤，近墨者黑。""近贤则聪，近愚则聩。"古人很重视对朋友的选择。孔子曰："君子慎取友也。"品德高尚的人，历来受人推崇，也是人们愿意结交的对象。而品德低劣的人，却常常被人所鄙视，当然也不排除"臭味相投"的"酒肉朋友"。

实际上，每个人不管自觉或不自觉，他们交朋友总是有所选择的，总是有自己的标准的。明代学者苏竣把朋友分为"畏友、密友、昵友、贼友"四类，如此划分便可明白：畏友、密友可以知心、交心，互相帮助并患难与共，是值得深交的；那些互相吹捧、酒肉不分的昵友，口是心非，当面一套，背后一套，有利则来，无利则去，还有可能乘人之危损人利己的贼友，那是无论如何也不能结交的。

法国科学家法拉第说："如果你想了解你的朋友，可以通过一个与他交往的人去了解他。因为一个饮食有节制的人自然不会和一个酒鬼混在一起；一个举止优雅的人不会和一个粗鲁野蛮的人交往；一个洁身自好的人不会和一个荒淫放荡的人做朋友。和一个堕落的人交往，表示自身品位极低，有邪恶倾向，并且必然会把自身的品格导向堕落。"一句西班牙谚语说："和豺狼生活在一起，你也能学会嗥叫。"

即使是和普通的、自私的个人交往，也可能是危害极大的，可能会让人感到生活单调、乏味，形成保守、自私的性

240

格，不利于勇敢、刚毅、心胸开阔的品格形成。甚至很快就会变得心胸狭隘，目光短浅，原则性丧失，遇事优柔寡断，安于现状，不思进取。这种精神状况对于想有所作为或真正优秀的人来说是致命的。

与那些比自己聪明、优秀和经验丰富的人交往，我们或多或少会受到感染和鼓舞，增加生活阅历。我们可以根据他们的生活状况改进自己的生活状况，成为他们智慧的伴侣。

与优秀的人交往，就会从中汲取营养，使自己得到长足的发展；与品格高尚的人生活在一起，你会感到自己也在其中得到了升华，自己的心灵也被他们照亮。

印度传教士马丁的生活，似乎完全是受了一个在中学学习时的朋友的影响。

马丁是一个相当愚笨的学生，但他父亲还是决定让他接受大学教育。在剑桥大学里，马丁认识了在初级中学学习时的一位伙伴。

从此以后，这位稍长的同学成了马丁的指导教师。马丁能够应付自己的学业，但是仍然容易激动，脾气暴躁，偶尔会发泄自己难以抑制的愤怒。但他这位年纪稍大的朋友却情绪稳定，富于耐心，时时刻刻照顾、指导和劝勉自己这位易怒的同学。他不允许马丁结交邪恶的朋友，劝他认真学习。"这不是要得到别人的称赞，而是为了上帝的荣耀。"这位朋友的帮助使马丁在学习上进步很快，在第二年圣诞节的考试中他名列年

级第一名。

后来，马丁成了一位印度传教士，给了很多人无私的帮助。

"朋友多了路好走"，朋友多——好朋友越多，我们受益越多。学无止境，学问再大的人也有不懂的东西。与其出淤泥而不染，何不从一开始就择其善者而从之。孔子说："三人行，必有我师焉。"圣人尚且如此，我们在结交朋友时，也应尽量选择有学识的人。

幸福婚姻的心态选择

在现实生活中，我们会有在毫无预料的情况下经受婚姻外诱惑的考验。我们彼此深爱着对方，但却有位新的异性吸引了我们的目光。这种吸引是否正常？是否道德？应该说，这种吸引是正常人的正常反应。吸引毕竟只是一种心理上的反应，它使我们产生了一种对美好事物追求的幻想。但千万不能随便把这种幻想当成可以达到的目标而不顾一切地追求，这种追求是盲目的、不负责任的，尤其在婚姻感情方面，因为一时情绪冲动做出有违社会道德的事，是非常愚蠢的。

结婚是一种事实，但是它不会使我们深藏的人性完全隐匿起来，对于美的追求，对于刺激的向往都是时常可能发生的事情。尽管一个人可以被成千上万不同的人吸引，例如，很多人会因为看到自己喜欢的电影、喜欢的明星而感到兴奋，但是大多数人绝对不会为享受这种情欲的幻想而毁了自己幸福的婚姻。作为婚姻的另一方，也应该对这种情绪的产生有所准备。毕竟我们每个人不可能同时具备那些吸引人的所有要素，所以，当自己的妻子或者丈夫产生这种幻想的时候，我们不要过于气愤和紧张，不要过度地干涉，而要充分相信自己，相信对方的理性，相信共同的感情基础。

美丽动人的女人，英俊潇洒的男士，都或多或少地会在我们心中激起一丝异样的感觉。只是人是有理性的动物，应该考虑自己的责任和做人的原则，不应像飞蛾扑火一样，为了一时的冲动，做出不计后果的事来。你可以"恨不相逢未嫁时"，留下一份美丽的遗憾，恢复你正常的生活；你可以把他（她）当作偶尔投影在你心波的云彩，珍藏那一美丽的瞬间，潇洒地挥手走人。当然，你也有权利重新选择，进行家庭的重新组合。你确信现在的爱人不值得你去厮守，你是否应抛开一切去找寻你的幸福？当另外一个吸引人的异性出现，你会不会再重新选择？即使你想清楚了，做出这样一种决定，也一定要正大光明地讲出来，万不可苟且行事。

客观的诱惑是存在的，盲目的逃避是一种胆怯，频繁的追求是一种放纵。对爱要选择一个正确的心态，要正视自己的婚姻，对自己及他人负责任。

看到劣势，但别抓住不放

每一个事物、每一个人都有其优势，都有其存在的价值。劣势是在所难免的，可是当我们看到它的时候，只要用心去改正和调整就可以了，没必要总是抓着它不放，既影响自己的心情，又阻碍未来的发展。

每个人都有自己的缺点和不足，如果一味地抓住不放，就只能生活在自卑的愁云里。

小王本来是一个活泼开朗的女孩，却被自卑折磨得一塌糊涂。小王在一家大型的外企上班，毕业于某著名语言大学。大学期间的小王是一个十分自信、从容的女孩。她的学习成绩在班级里名列前茅，是男孩追逐的焦点。然而，最近，小王的大学同学惊讶地发现，小王变了，原先活泼可爱、整天嘻嘻哈哈的她，像换了一个人似的，不但变得羞羞答答，甚至其行为也变得畏首畏尾，而且说起话来、干起事来都显得特别不自信，和大学时判若两人。

每天上班前，她会为了穿衣打扮花上整整两个小时的时间。为此她不惜早起，少睡两个小时。她之所以这么做，是怕自己打扮不好，遭到同事或上司的取笑。在工作中，她更是战战兢兢、小心翼翼，甚至到了谨小慎微的地步。

原来到那家公司后，小王发现同事们的服饰及举止显得十分高贵及严肃，让她觉得自己土气十足，上不了台面。于是她对自己的服装及饰物产生了深深的厌恶。第二天，她就跑到商场去了。可是，由于还没有发工资，她买不起那些名牌服装，只能悻悻地回来了。在公司的第一个月，小王是低着头度过的。她感到无地自容，觉得自己就是混入天鹅群的丑小鸭，心里充满了自卑。

服饰还是小事，令小王更觉得抬不起头来的是她的同事们平时用的香水都价格不菲。她们所到之处，处处清香飘逸，而小王自己用的却是一种廉价的香水。

女人与女人之间，聊起来无非是生活上的琐碎小事，主要的当然是衣服、化妆品、首饰，等等。而关于这些，小王几乎完全不懂。这样，她在同事中间就显得十分孤立，也十分羞惭。在工作中，小王也觉得很不如意。由于刚踏入工作岗位，工作效率不是很高，不能及时完成上司交给的任务，有时难免受到批评，这让小王更加拘束和不安，甚至开始怀疑自己的能力。

此外，小王刚进公司的时候，她还要负责做清洁工作。看着同事们悠然自得地享用着她倒的开水，她就觉得自己与清洁工无异，这更加深了她的自卑意识……

像小王这样的自卑者，总是一味轻视自己，总感到自己这也不行，那也不行，什么也比不上别人。怕正面接触别人的优点，回避自己的弱项，这种情绪一旦占据心头，就会使自己对什么都提不起精神，犹豫、忧郁、烦恼、焦虑也便纷至沓来。

为你选择的目标付诸行动

邦科是某杂志社的一名编辑。他小时候就沉浸在这样一种想法中：总有一天他要创办一份杂志。由于他树立了这个明确的目标，就开始寻找各种机会，并且他终于抓住了一个机会。这个机会实在是微不足道的，以致我们大多数人都会随手丢弃，不肯多加理睬。

事情是这样的：一天，邦科看见一个人打开一包香烟，从中抽出一张纸片，随手把它扔到了地上。邦科弯下腰，拾起这张纸片。上面印着一个著名的好莱坞女演员的照片，在这幅照片下面印有一句话：这是一套照片中的一幅。原来这是一种促销香烟的手段，烟草公司欲促使买烟者收集一整套照片。邦科把这个纸片翻过来，注意到它的背面竟然完全是空白的。

像往常一样，邦科感到这儿有一个机会。他推断，如果把附装在烟盒里的印有照片的纸片充分利用起来，在它空白的那一面印上照片上的人物的小传，这种照片的价值就可大大提高。这不仅仅只是"转念一想"，重要的是他开始行动了。首先，他找到印刷这种纸烟附件的公司，向这个公司的经理说出了他的想法。这位经理立即说道："如果你给我写100位美国名人的小传，每篇100字，我将每篇付给你100美元。请你给我送来一份你准备写的名人的名单，并把它分类，你知道，可分为总统、将帅、演员、作家，等等。"

邦科因为自己的行动而有了实实在在的收获。他的小传的需要量与日俱增，以致他必须得请人帮忙。于是他找他的弟弟迈克尔帮忙，如果迈克尔愿意帮忙，他就付给他每篇5美元。不久，邦科又请了几名职业记者帮忙写作这些名人小传。就这样，邦科后来竟然真成了《名人》杂志的主编！他圆了自己的梦！

现在回过头来看，起初，命运对邦科并不是特别眷顾。然而他并没有抱怨，而是抓住机会，用行动开创了令人满意的事业。所以，我们要注意到这个事实，没有什么人会把成功送到我们手里，任何获得了成功的人，都首先有渴望成功的心态，重要的是付诸行动。

如果邦科的成功或多或少是靠机遇的话，那么另一个人的成功则将给我们更多的启示。

几年前，南卡罗来纳州一个高等学院早早地通知全院学

生，一个重要人士将对全体学生发表演说，她是美国社会中的顶级人物。

那个学校规模不大，学生和师资相对其他美国的学校稍差一点，因此能邀请到这样一个大人物，学生都感到特别兴奋，在演讲开始前的很长时间，整个礼堂就都坐满了兴高采烈的学生，大家都对有机会聆听到这位大人物的演说高兴不已。经过州长的简单介绍后，演讲者步履轻盈面带微笑地走到麦克风前，先用坚定的眼光从左到右扫视一遍听众，然后开口道：

"我的生母是个聋子，因此没有办法和人正常地交流，我不知道自己的父亲是谁，也不知道他是否在人间，我这辈子找到的第一份工作，是到棉花田里去做事。"

台下的听众全都呆住了，面面相觑，这时，她又继续说："如果情况不尽如人意，我们总可以想办法加以改变。一个人的未来怎么样，不是因为运气，不是因为环境，也不是因为生下来的状况，"她轻轻地重复方才说过的话，"如果情况不尽如人意，我们总可以想办法加以改变。一个人若想改变眼前充满不幸或无法尽如人意的情况，只要回答这个简单的问题：'我希望情况变成什么样？'然后全身心投入，采取行动，朝理想目标前进即可。这就是我，一位美国财政部长要告诉大家的亲身体验，我的名字是阿济·泰勒·摩尔顿，很荣幸在这里为大家作演说。"

简短的演说留给人们的却是深深的思考。一个人的出生环境无法改变，但他的未来却可以靠自己谱写，关键是你用怎样的行动去创造未来。

尽力了，不一定是最好的

面对困难，成功的人找方法，失败的人找借口。那么，我们又该如何呢？我们当然应该属于前者，只要你善于寻找解决问题的方法，你完全可以快刀斩乱麻，轻松简便地获取成功。

很多时候，我们为了一件事情费尽了心力，可是结果，却没有达到理想中的成效。这是为什么呢？成功者的经验告诉我们：尽力了，不一定是最好的，方法比勤奋更重要。

日本的松下公司是世界上有名的电器公司。有一年，松下公司要招聘一名高级女职员，一时应聘者如云。经过一番激烈的比拼，纪代美、山田杏子、喜久惠三人脱颖而出，成为进入最后阶段的候选人。

这天早上8点，三人准时来到公司人事部。人事部长给她们每人发了一套白色制服和一个精致的黑色公文包，说："三位小姐，请你们换上公司的制服，带上公文包，到总经理室参加面试。这是你们最后一轮考试，考试的结果将直接决定你们

的去留。"三人脱下精心搭配的外衣，穿上那套米白色的制服。
人事部长又说："我要提醒你们的是，第一，总经理是个非常
注重仪表的先生，而你们所穿的制服上都有一小块黑色的污
点。毫无疑问，当你们出现在总经理面前时，必须是一个着装
整洁的人，怎样对付那个小污点，就是你们的考题；第二，总
经理接见你们的时间是 8 点 15 分，也就是说，10 分钟以后，
你们必须准时赶到总经理室，总经理是不会聘用一个不守时的
职员的。好了，考试开始。"

三个人立即行动起来。

纪代美用手反复去揩那块污点，反而把污点越弄越大，就
央求人事部长换一套制服，可是却被通知取消了应聘资格。与
此同时，山田杏子疾奔洗手间，将衣服上的污渍洗掉了，可是
留下了一大片水渍。没有办法，为了赶时间，她急急忙忙地冲
向了总经理办公室。

山田杏子正准备敲门进屋，却见喜久惠大步走出来。山田
杏子看见，喜久惠的白色制服上，那块污迹仍然醒目地躺在那
里。山田杏子的心里踏实了。

办公室里，总经理微笑地看着山田杏子白色制服上湿润的
那个部位，好像在"分辨"着什么。

一会儿，总经理说话了："山田杏子小姐，你衣服上的污
点是我抹上去的，也是我出的考题。在这轮考试中，喜久惠是
胜者，也就是说，公司最终决定录用喜久惠。"

山田杏子感到愕然："总经理先生，这不公平。据我所知，

您是一位见不得污点的先生。但我看见，喜久惠的白色制服上，那块污点仍然清晰可见啊！”

总经理说："山田杏子小姐，问题的关键是喜久惠小姐没有让我发现她制服上的污点。从她走进我的办公室，那个黑色公文包就一直优雅地横在她的前襟上，她没有让我看见那块污迹。她在处理事情时，思路清晰，善于分清主次，善于利用手中现有的条件，她的问题解决得从容而漂亮。而你，虽然也解决了问题，但你却是在手忙脚乱中完成的，你没有充分利用你现有的条件。其实，那个公文包就是我们解决问题的杠杆，而你却将它弃之一旁。如果我没猜错的话，你的'杠杆'忘在洗手间里了吧?”

山田杏子终于信服地点了点头，承认了自己的失败。

从成功的角度来讲，两点之间最短的距离并不一定是条直线，而可能是一条障碍最少的曲线要找到这条曲线，需要时时寻找方法去处理事情和面对困难的大脑。思路开阔的人，会养成寻找办法而不惧怕困难的习惯，并且力争做到最好。

有一种坚强叫放弃

从前，有一只老虎在山林中捕猎，不小心踩中了猎人布下的兽夹，它的一只爪子被兽夹牢牢地夹住了，怎么挣扎也拔不出来。老虎又痛又害怕，害怕是因为若是一会儿猎人来了它只能束手待毙，一点反抗能力都没有。老虎越想越急，最后没有办法只得咬断了自己的爪子，才得以脱身。

放弃一只爪子而保全一条生命，这是一种智慧。人生亦应如此，在生活强迫我们必须付出惨痛的代价以前，主动放弃局部利益而保全整体利益是最明智的选择。智者曰："两弊相衡取其轻，两利相权取其重。"趋利避害，这也正是放弃的实质。

2003 年 4 月 26 日，27 岁的李斯金一个人来到犹他州蓝约翰峡谷登山。蓝约翰峡谷位于犹他州东南部，人迹罕至，风景绝美。李斯金在攀过一道 3 英尺宽的狭缝时，一块巨大的石头挡住了去路。李斯金试图将这块巨石推开，巨石摇晃了一下，猛地向下一滑，将李斯金的右手和前臂压在了旁边的石壁上。

忍着钻心的剧痛，李斯金使劲用左手推巨石，希望能将手臂抽出来，然而石头仿佛生了根一般纹丝不动。在做了无数次努力之后，精疲力竭的李斯金终于明白，单凭自己一个人的力量绝不可能推动巨石，只能保存精力等待救援了。

然而，在接下来的几天里，别说是人，就连鸟也没飞过一只，他就这样吊在悬崖上。没有食物，李斯金每天只能喝水。当壶中的最后一滴水也被他喝光时，饥肠辘辘、浑身无力的李斯金终于明白，他所在的地方太过偏僻，即使有人为他的失踪而报警，救援人员也不可能找到这个地方。再等下去只能是死路一条，想活命的话只能靠自己了。

李斯金心里清楚，把自己从巨石下解救出来的唯一办法就是断臂。而除了简单的急救包扎，他并不知道如何进行外科自救。于是，他清理了一下手头的工具——一把8厘米长的折叠刀和一个急救包，没有麻醉剂，没有止疼片，没有止血药，超常的疼痛和所冒的风险可想而知，不过李斯金已经别无选择了。由于刀子过钝，在难以形容的疼痛和失血的半昏迷状态下，李斯金先折断了前臂的桡骨，几分钟后又折断了尺骨……整个过程大约持续了一个小时。

由于大量失血，李斯金近乎昏厥，然而他仍坚持着从身旁的急救箱中取出杀菌膏、绷带等物，给自己被切断的右臂做紧急止血处理。李斯金甚至还想把断臂从巨石下取出来。流血止住后，李斯金决定徒步走出峡谷。他被困之处是一个陡峭的岩壁，距峡谷底部有25米的高度，上来容易下去难，尤其是在刚切断一只手臂之后。不过这没有难住他，他用登山锚将一根

253

绳子固定在岩壁上，用左手抓住绳子，顺着岩壁滑下去。

在下山的路上，李斯金看到了他的山地自行车，但他根本不可能骑着它下山了。在跌跌撞撞走了大约7英里后，两名旅游者发现了血人一般的李斯金，明白发生了什么事后，他们赶紧报警。不久后，一架救援直升机赶到，将李斯金送到最近的医院。

当直升机到达莫阿布市的艾伦纪念医院时，李斯金居然谢绝别人的帮助，自己走进急救室。这个坚强的人随后被送到圣玛丽医院。

参加救援行动的米奇·维特里驾驶直升机再次飞回蓝约翰峡谷，希望找回李斯金被截去的半条手臂，也许医生还可以为李斯金重新进行接肢手术。然而，当维特里找到那块石头时，他发现石头实在是太重了，根本无法撼动。

事实上，在李斯金失踪4天之后，他所在的登山车公司的老板便向警方报了警，警方的直升机也在附近进行了搜寻，但警方从空中根本不可能发现他被困的地方。他能活下来，完全是因为他有强烈的求生欲望。

从生存的勇气到断臂自救的方式，李斯金给人类的启示是多方面的，其中最重要的一点就是在人生紧要处，在决定前途命运的关键时刻，我们不能犹豫不决，不能徘徊彷徨，而必须敢于了断，敢于放弃。放弃有时就是一种珍惜，放弃了一棵树木，我们却能够得到一片森林。

开除自己

把自己从相对安逸的环境中开除出去，再开除自己身上的缺点，那么，你离成功的彼岸就会越来越近。不管怎么说，开除自己，就是给自己提供压力的同时，也提供了更多的希望与机遇。

有一个人，在不到 10 年的时间里，竟多次开除自己。第一次是在 1993 年，也就是他大学毕业后两年，离开了工作单位——宁波市电信局。第二次开除自己是在外企，缘于他想创办一家网络服务公司。最终，他创办网络公司并一举成名。也许，你已经猜出来了，他就是搜狐公司总裁张朝阳。

用张朝阳自己的话说就是："开除自己，才能成功。"

当"知足常乐"成为一些人的生活信条的时候，"开除自己"，就显得很有震撼力。确实，安于现状，也能暂时得到一些世俗的幸福，但随之而来的，可能是懒散与麻木。甚至可以这样说：开除自己，是对智力与勇气的激励。

若从字面上说，开除自己，还有这样一层意思：如果你是个见了毛毛虫也要打哆嗦的人，那么，请开除自己的懦弱；倘若你是一个毫不利人、专门利己的人，那么，请开除自己的自

私……同样的道理，我们还可以开除自己的浅薄、浮躁、虚伪、狂妄——总之，你尽可能地开除自己的缺点好了，使自己不断地趋于完美，就像一棵不断修枝剪蔓的树，唯一的目标，就是为了日后做一棵高大挺拔的栋梁之材。

做个人生清理

丢弃某些东西不易，要守护某些东西也并不轻松。保留一份天真与单纯，坚守一份信念与追求，保留一份正义与良知，坚守一份尊严与操守，保留一份向往和梦想……

每个在职场里的人，到了岁末年初，总要将自己的办公桌彻底清理一次——扔掉那些毫无保存意义的信件、材料，再将其他的重新进行归类整理，使之井井有条、耳目一新，给自己创造一个相对宽松、舒适的环境。虽然如此，总有一些东西年年都舍不得丢弃。

人们总习惯以"可能有用"为借口而保留一件件、一堆堆"废品"和"垃圾"，直到有一天狠狠心将它扔掉，生活中也不觉得少了什么时，才明白它是多余的东西，意识到自己所犯的"错"。随着年龄的增长、岁月的洗礼、阅历的丰富、知识的积累与沉淀，人们对生活注入了新的思考与认知，同时也对传统思想、观念进行了深刻的审视、反省与诠释，对一切诸如习惯、观念、想法、经验、爱好等无形的东西也在不断地进行筛选和更新，一些过时的或给生活造成不必要的麻烦和不便的，我们要有勇气随时丢弃它。这样一来，我们才有机会和足够的时间、精力、空间，学习和接纳一些科学的、新鲜的事物。

尊严、道义、气节、操守、信念、志向，它不仅仅是个人的事，而且直接关系着一个民族、一个国家的声望、前途和命运，我们没有理由和借口去回避和拒绝。"不为五斗米折腰"的陶渊明，"留取丹心照汗青"的文天祥，"先天下之忧而忧"的范仲淹，以及近现代的一些人们耳熟能详的爱国仁人志士的可歌可泣、感人肺腑的英雄事迹，启迪、鞭策、激励、鼓舞着一代又一代有识之士为了国家和民族的事业、前途、命运，置个人安危生死于度外，出生入死，即使抛头颅洒热血也在所不辞，用个人的青春、幸福、鲜血、生命换取民族的觉醒、希望和革命事业的成功，铸起一个国家、一个民族的精神之魂。

现实生活往往不是一种单纯的取与舍，不要斤斤计较失去的，有时我们得到的比失去的更可贵和美好！

接受不可避免的现实

生活中，我们会遇到许多不公平的经历，而且许多都是我们所无法逃避的，也是无法选择的，我们只能接受已经存在的事实并进行自我调整。抗拒不但可能毁了自己的生活，而且也会使自己精神崩溃。因此，人在无法改变不公和不幸的厄运时，要学会接受它、适应它。

荷兰阿姆斯特丹有一座 15 世纪的教堂遗迹，里面有这样一句让人过目不忘的题词："事必如此，命运中总是充满了不可捉摸的变数，如果它给我们带来了快乐，当然是很好的，我们也很容易接受。但事情却往往并非如此，有时，它带给我们的会是可怕的灾难，这时如果我们不能学会接受它，就会让灾难主宰了我们的心灵，生活也会永远地失去阳光。"

小时候，琼斯和几个朋友在密苏里州的老木屋顶上玩，琼斯爬下屋顶时，在窗沿上歇了一会儿，然后跳下来，他的左食指戴着一枚戒指，往下跳时，戒指钩在了钉子上，扯断了他的手指。

琼斯疼得尖声大叫，且非常惊恐，他想他可能会死掉。但等到手指的伤好后，琼斯就再也没有为它操过一点儿心。他已经接受了不可改变的事实。

英格兰的妇女运动名人格丽·富勒曾将一句话奉为真理，这句话是："我接受整个宇宙。"是的，我们都应该学会接受不可避免的事实。即使我们不接受命运的安排，也不能改变事实分毫，我们唯一能改变的，只有自己的心态。

成功学大师卡耐基也说："有一次我拒不接受我遇到的一种不可改变的情况。我像个蠢蛋，不断作无谓的反抗，结果给自己带来无眠的夜晚，我把自己整得很惨。终于，经过一年的自我折磨，我不得不接受我无法改变的事实。"

面对现实，并不等于束手接受所有的不幸。只要有一些可以挽救的机会，我们就应该奋斗！但是，当我们发现情势已不能挽回时，我们最好就不要再思前想后，要接受不可避免的事实，唯有如此，才能在人生的道路上掌握好平衡。